导弹状态评估与故障预测技术

丛林虎　著

北京航空航天大学出版社

内 容 简 介

本书针对导弹状态评估与故障预测技术现状,在系统分析导弹特性与性能特征参数的基础上,分别阐述基于证据理论、贝叶斯网络、LDA-KPCA、云模型的导弹状态定量与定性评估理论及相关技术,介绍导弹竞争故障预测模型与导弹退化状态预测方法,并结合导弹装备管理工作实际需求,分析导弹状态评估与故障预测系统实现的总体设计思路、主要功能与关键技术。

本书对想要深入了解导弹状态评估与预测技术,掌握不同种类导弹状态评估与预测模型的构建方法的学者,具有较强的指导作用,也可作为从事导弹装备、复杂系统装备管理、视情维修研究等领域的工程技术人员的参考书,或作为相关高等院校军事装备学、兵器科学与技术、控制科学与理论等学科的研究生辅助教材。

图书在版编目(CIP)数据

导弹状态评估与故障预测技术 / 丛林虎著. -- 北京 :
北京航空航天大学出版社,2024.4
ISBN 978 - 7 - 5124 - 4367 - 9

Ⅰ. ①导… Ⅱ. ①丛… Ⅲ. ①导弹－状态－评估②导
弹－故障预测 Ⅳ. ①TJ76

中国国家版本馆 CIP 数据核字(2024)第 050435 号

导弹状态评估与故障预测技术
丛林虎 著
策划编辑 董 瑞 责任编辑 周世婷
*
北京航空航天大学出版社出版发行

北京市海淀区学院路 37 号(邮编 100191) http://www.buaapress.com.cn
发行部电话:(010)82317024 传真:(010)82328026
读者信箱:goodtextbook@126.com 邮购电话:(010)82316936
北京建宏印刷有限公司印装 各地书店经销
*
开本:710×1 000 1/16 印张:12.75 字数:257 千字
2024 年 4 月第 1 版 2024 年 4 月第 1 次印刷
ISBN 978 - 7 - 5124 - 4367 - 9 定价:79.00 元

前　言

目前,导弹维修体制仍以定期维修为主,在导弹战斗值班之前要进行全面的维护检测,采用多、勤、细的方式对装备故障进行预防。这种方式一方面增大了保障人员的工作量,不利于导弹使用部队快速应急反应,另一方面,过多地对导弹进行通电检测也会缩短导弹寿命。随着导弹武器系统性能的日益提升及复杂集成度的急剧增加,导弹装备状态评估与故障预测技术逐渐受到人们的重视。

通过对导弹开展状态评估与故障预测,技术人员可掌握导弹的当前状态并预测下一阶段导弹发生故障的概率及状态退化情况,在故障发生前安排科学合理的维修,避免定期维修所导致的"维修不足"和"维修过剩",确保导弹具有较高的战备完好性和可用性。

本书紧跟导弹维护和保障现状,把握状态评估与故障预测技术的发展趋势,目的是使读者了解和掌握典型导弹状态评估与故障预测算法设计、模型构建以及方法应用等,为后续学习和研究状态评估与故障预测新方法、新模型打好扎实基础。本书还融入了作者多年来的教学经验,尽可能多地吸收近年来学术和科研的最新成果,使本书内容具有较强的系统性和实用性,同时兼顾知识的深度和广度。书中介绍的每种方法均配有案例分析,可供读者参考借鉴。

本书共9章,第1章主要介绍导弹状态相关概念、导弹状态评估与故障预测影响因素、导弹状态评估与故障预测技术实现框架与流程,以及目前国内外研究现状;第2章主要介绍导弹结构组成、导弹装备及其性能状态特性,着重分析导弹保障特性、导弹故障模式及机理,并在此基础上对导弹性能特征参数进行分析;第3~5章分别介绍基于改进证据理论、贝叶斯网络、LDA - KPCA的导弹状态定量评估方法,并辅以案例分析;第6章主要介绍基于改进云模型的导弹状态定型评估方法,并辅以案例分析;第7章主要介绍基于性能退化数据与故障数据的导弹竞争故障状态预测方法,并辅以案例分析;第8章主要介绍基于特征参数的导弹退化状态预测方法,并辅以案例分析;第9章主要介绍导弹状态评估与故障预测系统的设计与实现。

　　本书由丛林虎撰写。冯玉光教授、王艳老师仔细审阅了全稿,并提出了许多宝贵意见,在此表示衷心感谢。在撰写本书的过程中,还参阅了一些文献资料、专著、教材,在此一并向原作者表示衷心感谢。虽然作者力求使本书体系完整、结构合理、内容适用,但由于时间仓促和编者知识水平有限,书中难免存在错误和疏漏之处,恳请同行专家与读者批评指正。

作　者

2024 年 1 月

目　　录

第1章 绪 论

1.1 导弹状态相关概念

1.1.1 导弹状态、可靠性与维修性定义分析

为更好地开展导弹状态评估与故障预测工作,需要首先明确导弹状态的相关概念。根据 Ferrel 对状态的定义,可将导弹的状态描述为导弹执行设计功能的能力,由该定义可知,状态反映的是某种能力,定义中的设计功能可理解为相关技术状态。

按照 ISO 10007—1995《技术状态管理指南》国际标准中的定义,技术状态是指在技术文件中规定的且在产品(硬件、软件)中达到的物理特性和功能特性。物理特性是指产品的形体特征,如尺寸、形状、组成、接口等;功能特性是指产品的设计约束条件、性能指标,以及使用保障要求,包括速度、使用范围、寿命、杀伤力等性能指标及测试性、可靠性、维修性等要求。由上述定义可知,技术状态具有两个重要的特征:一是技术状态是通过全套技术文件来表征的;二是技术状态是产品达到的或预期的特性的综合。总的来讲,技术状态是指设备在指定时刻的总体技术特性,是设备各项技术特征的综合。技术状态主要是从导弹自身的角度来考虑的,描述的是导弹具有或达到某种技术特性的能力;导弹状态不仅考虑导弹自身的技术状态,同时还考虑了导弹以往的使用经历、使用环境以及以往的维修活动等,描述的是导弹未来执行设计功能的能力,而且这种执行能力是持续的。具有某种能力只是能够执行这种能力的先决条件,从这个角度可以认为技术状态是导弹状态的一个方面。进一步说,导弹技术状态好,不一定导弹状态就好,但是导弹状态好,其技术状态一定好。

可靠性是装备的一种设计特性,它反映了在规定的条件下和规定的时间内,完成规定功能的持续能力。维修性也是装备的一种设计特性,它反映了在规定的维修条件下,装备保持或恢复到规定状态的能力。相对于可靠性和维修性,状态与可靠性之间的区别主要体现在"稳定"和"持续"这两个词上,而良好的维修性是装备能够持续、稳定地完成预定功能的保证。从某种程度上说,装备的状态是指装备保持一定可靠性和维修性水平的能力,是装备在使用期内可靠度和维修度保持在一定范围(保证装备完成预定功能情况下)的置信水平。保持一定的可靠性水平是指在今后

较长的时间内系统能够正常工作;保持一定维修性水平是指即使在接下来的时间内发生故障,系统也能在较短的时间内恢复。

综上所述,影响导弹状态的因素不仅包括导弹自身因素,还包括人为因素、使用环境、寿命和维修次数等。换言之,导弹状态的影响因素不仅包括技术状态因素,同样还包括非技术状态因素。

1.1.2 导弹状态评估与故障预测

导弹状态评估与故障预测技术是在视情模式下逐渐发展形成的。我军现行导弹的维修体制是以定期维修为主、事后维修为辅的维修体制。其中,定期维修是为防止导弹的意外故障,按照预先设计的导弹维修保障方案定期对导弹进行计划性维修的一种维修方式,该维修方式可在一定程度上降低导弹故障发生的概率,但需要耗费较多的人力、物力资源,维修效率不够理想;事后维修是在导弹发生故障后对导弹进行非计划性维修的一种维修方式,该维修方式由于未对导弹的故障进行预判,完全属于被动式维修,因而往往会使导弹严重损坏,进而影响作战任务的执行,造成巨大的经济损失。随着导弹维修保障要求的不断提高,定期维修与事后维修方式存在的资源耗费过多、维修效率不高、维修过剩、维修不足等问题日益凸显。

近年来,随着状态评估技术、状态预测技术、故障诊断技术、数字信号处理技术及维修决策技术在维修领域中的成功应用,视情维修技术得到了迅猛发展,并逐步在装备维修领域得到了广泛应用。尽管视情维修技术在装备维修领域应用的时间不长,但由于视情维修可根据装备的实时状态,采取有针对性的维修策略,既能确保装备具有较高的战备完好性,又能克服定期维修造成的装备维修过剩和维修不足,同时能有效降低维修成本,因而视情维修迅速成为维修领域关注的焦点。目前,世界各国都在加紧开展装备视情维修技术的应用研究。

导弹状态评估与故障预测是在状态信息采集的基础上,确定导弹的当前状态并预测其在未来一段时间内的故障概率及状态退化情况,为导弹状态维修提供决策信息。科学合理地确定出导弹的当前状态是开展导弹视情维修工作的重点,对导弹的状态评估主要是对其所处状态等级的评估,评估结果可作为维修决策的重要依据,即评估的合理与否对最终维修策略的制定有着至关重要的影响。考虑到目前对导弹状态的评估是以各性能特征参数的测试数据为基础进行的,因而可根据各性能特征参数偏离标准值的程度来表征导弹的状态。

导弹状态评估与故障预测是开展导弹视情维修工作的基础和重点,其最终目标是为导弹的状态维修提供决策信息,即根据导弹的当前状态及下一阶段的状态变化,为使用部队合理安排导弹的维护、维修工作提供科学合理的建议,以保证导弹的战备完好性、降低导弹故障发生的概率、避免不必要的经济和军事损失。

1.2　导弹状态评估与故障预测影响因素分析

导弹作为非持续任务装备,不同于军用车辆、飞机等可长时间使用的装备,其在状态评估与故障预测过程中主要受以下几方面因素的影响:

① 人员方面:导弹状态评估与故障预测技术是近几年产生的一门新技术,其涵盖了多学科、多领域的新理论与新方法,因此需要研究人员和具体实施人员具有较强的理论与学习能力,充分掌握导弹状态评估与故障预测的相关思想与方法,这也是下一步开展导弹视情维修工作的基础。

② 管理方面:导弹状态评估与故障预测的顺利实施不仅需要新技术的运用,还需要全新的装备管理思想,因此要求对传统的装备管理思想进行创新,加强对导弹状态评估与故障预测的理解。目前国内还没有一套完整的、切实符合导弹状态实际的基于视情维修体制的维修保障管理方案。

③ 技术方面:导弹不同于军用车辆、飞机等可长时间使用的装备,其使用时间很短,不允许过多的通电,因此导弹的状态分析技术与可长时间使用的装备的分析技术有着极大的不同。

④ 基础信息搜集方面:对导弹实施状态评估与故障预测,其工作基础是对导弹状态数据的采集,数据采集的有效性与合理性直接决定了研究结果的正确性。由于导弹管理与使用的特殊性,不允许对导弹进行过多测试,因此在实施状态评估与故障预测技术之前,应做好导弹的基础信息分析与采集工作。

⑤ 服役环境方面:通过分析导弹服役期的任务剖面可知,导弹的服役环境主要可分为三种:第一种是洞库贮存环境,其环境应力主要表现为温湿度、气压、霉菌、腐蚀等;第二种是运输装卸环境,其环境应力主要表现为振动、冲击等;第三种是战备值班环境,其环境应力主要表现为温湿度、盐雾、振动等。

1.3　导弹状态评估与故障预测技术实现框架

对导弹进行状态评估与故障预测后,可根据得到的评估与故障预测结果为导弹视情维修提供相关可靠的决策信息,因而导弹状态评估与故障预测是导弹视情维修的关键和基础。根据状态评估与故障预测技术应用于导弹的相关特点,并在 CBM 开放体系结构(Open System Architecture for Condition‐Based Maintenance,OSA‐CBM)的基础上,构建的导弹状态评估与故障预测技术实现框架如图 1‐1 所示。

由图 1‐1 可知,导弹状态评估与故障预测技术实现框架主要由以下 5 个部分构成。

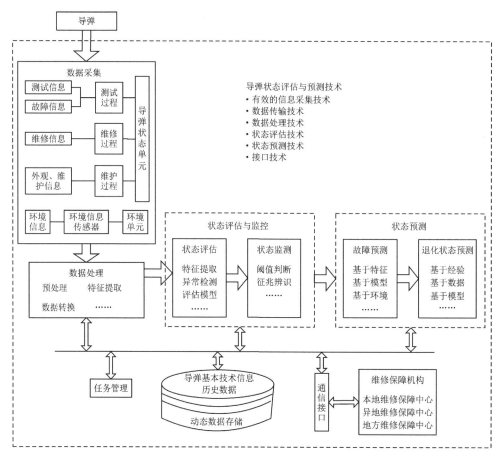

图 1-1　导弹状态评估与故障预测技术实现框架

① 数据采集：该部分利用自动测试设备与各种传感器采集导弹测试信息、故障信息、维修信息、外观信息、维护信息以及相关环境信息等，为导弹的状态评估与故障预测提供可靠的数据基础，且具有一定的数据格式转换及传输功能。

② 数据处理：该部分的主要作用是对采集到的状态数据进行处理，包括提取与导弹相关的性能特征参数、对提取得到的性能特征参数做进一步处理以及压缩、简化相关传感器数据等。

③ 状态评估与监控：该部分主要具有两种功能，一是对导弹进行状态评估，得到导弹的当前状态；二是通过对比相关状态数据是否超过规定阈值来监测导弹是否存在故障。

④ 状态预测：该部分可根据导弹历年测试信息、故障信息等状态信息对导弹下一阶段的状态进行预测，得到导弹下一阶段故障发生的概率及状态退化情况等。

⑤ 接口：该部分的主要功能是完成各模块间和各模块与其他系统间的信息传送

以及相关状态信息的显示。

综上所述,数据采集和数据处理是对导弹进行状态评估与故障预测的前提和基础,状态评估和状态预测则是对导弹进行状态评估与故障预测的核心。

1.4　导弹状态评估与故障预测流程

对导弹进行状态评估与故障预测的主要目的是得到导弹的当前状态并预测其在下一阶段内的故障概率及状态退化情况。因此,基于状态信息对导弹进行状态评估与故障预测时,首先应对其状态信息进行分析,确定导弹状态评估与故障预测的数据基础,然后进行状态评估和状态预测,即导弹状态评估与故障预测的流程主要包括状态信息分析、状态评估和状态预测。

1.4.1　状态信息分析

导弹的状态受内因和外因综合作用的影响,外因通常表现为环境应力等因素对导弹造成的影响;内因通常表现为电子元器件自身失效或参数漂移等因素导致的导弹性能退化或故障。考虑到环境应力信息对导弹的状态有较大影响,且导弹的性能退化或故障主要由测试信息进行表征,因而可将导弹的状态信息大致分为环境应力信息和测试信息。

1. 环境应力信息

国外研究机构对近年来某型机载电子设备故障产生的原因进行了分类统计分析,给出了各故障原因所占故障总数的百分比:温度占 22.2%,湿度占 10%,振动占 11.38%,沙尘占 4.16%,盐雾占 1.94%,低压占 1.94%,冲击占 1.11%,其他原因占 47.27%。据此可以看出,导致电子设备故障的原因大多与环境应力因素密切相关,其中温度、湿度以及振动导致的电子设备故障占故障总数的 43.58%。通过部队调研及现有的故障数据分析可知,电子设备故障是导致导弹故障的主要原因,因而可认为在各环境应力因素中对导弹状态影响最大的因素为温度、湿度以及振动。

目前,基于环境应力信息对复杂装备进行状态评估与故障预测时,首先通常需要建立装备自身的失效物理模型,然后在此基础上通过相关试验建立环境应力与复杂装备状态的数学模型来描述复杂装备受环境应力因素的影响。我国在这方面的研究还处于初级阶段,尤其对于导弹而言,其系统组成复杂,失效原因、失效机理多样,建立准确可靠的失效物理模型较为困难,因而目前对贮存状态下的导弹所受环境应力因素影响的处理主要为控制温度和湿度,即采取一系列措施使导弹在贮存期间所处的环境温度和湿度保持在规定范围内,尽量减少温湿度对导弹状态的影响。

2. 测试信息

贮存状态下导弹的状态主要根据相关测试结果确定。由于贮存状态下导弹状态所受环境应力的影响难以准确地定量表示,如果不考虑测试设备的相关测试误差,那么导弹的相关测试信息可以很好地反映出导弹的当前状态,即导弹的状态主要是由测试时产生的测试信息表征的,因此测试信息可认为是导弹状态评估与故障预测过程中最为重要的状态信息。

导弹的相关测试信息主要包括测试数据和故障数据,其中测试数据是导弹各性能特征参数的测试结果,由导弹状态评估与故障预测的相关技术背景可知,导弹的状态可由各性能特征参数偏离标准值的程度进行表征,因此可基于测试数据建立相应模型对导弹的状态进行评估和预测;故障数据是指导弹发生故障的时间,对于贮存状态下的整批导弹而言,其故障数据往往具有一定的规律性,因而可对其分布规律进行统计分析,进而对导弹下一阶段的故障概率进行预测。由于导弹不允许进行过多的通电测试,很难获得大量导弹的测试信息,因此需要相关人员采集、记录好导弹的历次完整测试信息,并做好数据的分析整理工作,以便为开展导弹状态评估和状态预测工作奠定良好的数据基础。

由导弹状态评估与故障预测技术实现框架可知,状态数据的采集和处理是导弹状态评估与故障预测的前提和基础。对于导弹而言,数据采集和处理的对象主要为导弹各性能特征参数的测试信息,因而对导弹进行状态评估和预测时,首先应提取导弹的相关性能特征参数。导弹通常采用自动测试系统进行自动测试,其测试过程包含不同的测试项目与相应的测试参数,为了提取导弹的性能特征参数,可依据导弹的测试特点,对其测试项目与测试参数进行分析,进而提取出与导弹相关的性能特征参数。同时,考虑到对导弹进行状态评估和预测的目的是得到导弹的当前状态并预测其在下一阶段的故障概率及状态退化情况,所以还需要对提取到的性能特征参数做进一步分析,以确定导弹状态评估和状态预测的数据基础。

1.4.2 状态评估

由导弹状态评估与故障预测技术实现框架可知,状态监测主要用于监测导弹各性能特征参数的测试结果是否超过规定阈值,以此来判断导弹是否处于故障状态;状态评估主要用于评估导弹当前所处的状态,得到导弹的状态退化情况及其所处状态等级。考虑到对导弹进行状态监测和状态评估均是为了得到导弹所处的状态等级,因而对导弹进行的状态评估实质上包含了状态监测和状态评估两方面的内容,即在对某型导弹进行状态评估过程中,首先应比较导弹各性能特征参数的测试结果是否超过规定阈值,以此来判断导弹是否处于故障状态,若某个或某几个性能特征参数存在测试故障,则导弹是故障的,此时可将导弹的状态划分为故障状态。若全部性能特征参数测试结果均正常,则导弹是正常的,此时各性能特征参数的测试结果均是对导弹状态的反映。事实上,对导弹进行状态评估可看作是一个多指标的评估问题,可考虑通过融合全部性能特征参数的状态来最终确定导弹的状态等级。

1.4.3　状态预测

开展导弹状态预测,即基于当前状态及历史状态信息对下一阶段导弹的状态情况进行预估。从工作需要分析,开展状态预测比较关心以下两个方面:一是下一阶段导弹故障发生的可能性,即导弹的故障概率;二是下一阶段导弹如果是可靠的,则导弹状态将处于什么水平。

1. 故障状态预测

根据导弹的状态评估结果得到导弹所处状态等级后,为确定导弹下一阶段发生故障概率的大小,还需要对导弹的故障状态进行预测。对导弹进行故障状态预测,有助于保障人员在导弹故障发生前就及时开展维护保养等工作,可有效控制导弹发生故障的风险,避免因导弹故障而造成严重的经济、军事损失。考虑到导弹结构组成复杂,其故障的产生受多种因素影响,很难预测出下一阶段导弹发生故障的准确时间,因而在实际应用中导弹故障状态预测的结果常用故障概率表示。

导弹在贮存伊始其状态就不断发生退化,而突发故障在此过程中也有可能发生,因而需要在综合考虑退化故障与突发故障的基础上对导弹进行故障状态预测。考虑到导弹在性能退化过程中突发故障随时有可能发生,即贮存状态下的导弹的故障是由最早出现的故障模式导致的,因此在对导弹进行故障状态预测过程中,要充分考虑退化故障与突发故障间的相关性与竞争性。

2. 退化状态预测

若导弹在下一阶段是可靠的,则需要在导弹状态评估的基础上,判断导弹状态的发展趋势及状态变化的速度,以确定导弹未来的退化状态,为维修保障决策提供支持。

导弹退化状态预测的数据基础是导弹历年测试时产生的测试数据,随着导弹贮存年限的增长,导弹的状态不断退化,其退化的特征也越发显著,测试数据也会逐年累积,因而导弹退化状态预测的精度也会越来越高。考虑到导弹的状态可由各性能特征参数的状态共同表征,因此可采用基于性能特征参数的方法对导弹的退化状态进行预测,即根据导弹的功能和结构特点,对表征导弹状态的各性能特征参数进行预测,并对各性能特征参数的预测结果进行状态评估进而得到导弹下一阶段的退化状态。考虑到导弹不允许进行过多的通电测试,只能获取有限的测试信息,且由于日常作战、训练等任务的影响,导弹的测试时间往往不等间隔,这就使得导弹各性能特征参数的测试数据往往是小样本、不等间隔的。同时,对于导弹而言,其性能特征参数时间序列往往具有非线性、波动性等特性。因此,在对导弹进行退化状态预测时,单一预测模型的适用范围及预测精度往往无法满足实际的工程需求。

综上所述,状态信息分析、状态评估和状态预测是导弹状态评估与故障预测的主要内容,通过分析处理导弹的状态信息,可确定导弹状态评估与故障预测的数据基础,进而对导弹进行状态评估和状态预测,得到导弹当前的状态并预测其在下一阶段的故障概率及状态退化情况,完成对导弹状态的评估与故障预测。

1.5 国内外研究现状

1.5.1 视情维修技术研究

维修通常定义为使产品保持或恢复到既定状态而进行的所有活动,其分类方法有多种,若依据维修目的进行划分,则可将维修分为修复性维修与预防性维修。近年来,随着装备维修理论的迅速发展及装备维修要求的日益增高,甘茂治等对维修的定义做了进一步扩展,其将维修的定义表述为"为使装备保持、恢复或改善到规定状态所进行的全部活动",并根据维修目的的不同,对维修的分类进行了进一步细化,如图 1-2 所示。

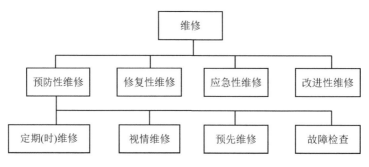

图 1-2 维修分类

由图 1-2 可知,视情维修是预防性维修(Preventive Maintance)的一种,有时也被称为预测性维修(Predictive Maintenance)或状态维修(Condition Based Maintenance,CBM)。视情维修的基本思想是根据装备的定期检测、状态评估、状态预测以及故障诊断等产生的相关状态信息,进行相应的数据分析与处理,来得到装备状态的退化程度,或由维修保障人员根据性能特征参数的变化趋势或幅值振动大小进行决策判断,并在故障发生前按计划对装备进行科学合理的维修。视情维修对装备的贮存时间或使用时间没有严格的规定,可有效克服传统维修方式中"维修过剩"或"维修不足"等问题,因而可以充分利用装备寿命,使维修工作量达到最小,提高装备的战备完好性。视情维修是一种经济合理的维修方式,目前已成为维修领域研究的热点问题。

1. 国外研究现状

随着维修理论及相关技术的不断发展,视情维修引起越来越多的工业发达国家的关注,其中美国在视情维修相关理论研究及技术应用方面处于领先位置。20 世纪末,在全球新军事变革的推动下,美军对后勤保障开展了大刀阔斧的改革,先后出台了多项措施,这些措施的核心思想是要缩减维修保障人员、降低装备维修费用及提高维修效率。在该形式下,视情维修技术受到了美军的高度重视并被应用于各军兵种装备的维修保障中,其中的典型代表有:美军联合攻击战斗机(Joint Strike Fighter,JSF)中采用的故障预测与健康管理(Prognostics and Health Management,PHM)系统、综合状态评估系统(Integrated Conditon Assessment System,ICAS)、健康与使用监控系统(Health and Usage Monitoring System,HUMS)等。近年来,随着状态评估、状态预测、故障诊断及维修决策等技术的日益完善,视情维修技术在各装备领域的应用不断推广。目前 HUMS 不仅在美国、英国和法国等军事强国的直升机领域也得到了广泛应用,且在固定翼飞机与导弹中也得到了成功应用,其中的典型代表有:B-2 轰炸机、阵风战斗机及阿姆拉姆(Advanced Medium Range Air-to-Air Missile,AMRAAM)空对空导弹系统等。JSF 中采用的 PHM 系统代表了目前视情维修技术在研究与实际应用方面的最高水平,该系统可对飞机相关故障进行有效诊断与故障预测,并对其健康状态进行科学管理,从而制订合理的维修计划,最终实现降低维修费用、提高战备完好率的目的。

视情维修技术在各军兵种的实际应用中已取得了显著的军事与经济效益,例如,171 架 AH-64 直升机取得了 210 万美元的经济效益,提高战备完好性 1%(不包含在经济效益内),节省 2 254 个维修工时,减少 355 h 停机时间(不包含在经济效益内),减少 513 h 维修试验飞行;143 架 UH-60 直升机取得 29.5 万美元的经济效益,提高战备完好性 3.3%,节省 1 237 个维修工时,减少 673 h 停机时间,减少 146 h 维修试验飞行;30 架 CH-47 直升机取得了 12.8 万美元的经济效益,提高战备完好性 1%,节省 632 个维修工时,减少 203 h 停机时间,减少 32 h 维修试验飞行。又如海军通过统计 2 个财政年度的修理费用,结果表明应用视情维修技术的舰艇年度平均修理费用为 9 万美元,而没有采用视情维修技术的舰艇则为 14.45 万美元,减少约 38%,这证明采用视情维修技术确实能够节约维修费用。

视情维修不仅在军事领域得到了广泛应用,且在民用航天、发电、车辆等领域也得到了成功推广,其影响已深入人民生活的方方面面。在民航领域应用视情维修技术最具代表性的是波音公司研制的飞机健康管理(Aircraft Health Management,AHM)系统,该系统可有效减少因航班取消或延误而造成的大量相关费用。美国艾瑞克(ARINC)公司与美国航空航天局的兰利研究中心(Langley Reasearch Center)联手研制了飞机状态分析与管理系统(Aircarft Condition Analysis and Management

System，ACAMS)，该系统已在波音 B757 上成功进行了飞行验证，并申请了相关专利。

国外十分重视视情维修相关配套软件的开发，并做了大量的研发工作。Jardine A. K 和 Makis V 牵头成立了视情维修实验室，主要从事视情维修软件的开发与推广应用，软件包 EXAKT；The CBM Optimizer 是该实验室已开发软件的典型代表，该软件基于比例故障率模型(Proportional Hazards Model，PHM)对系统的状态进行表征，并以相关费用作为约束进行维修决策，目前已成功应用于发电、汽车、机械等相关领域。Alberta 大学的 M. Zuo 早在 20 世纪初就引入小波理论与神经网络理论对机械领域的视情维修技术进行了优化并取得了较好的实际效果。另外，与视情维修相关的软件系统还有美国的 Bently Nevada Coporation 系列软件系统、Westinghouse 公司的 PDS 系统、IRD 与 ENTER 公司共同研发的 5911 系统、Scientific Atlanta 公司的 M6000 系统与三菱公司的 MHM 系统等。

近年来，国外对视情维修技术的研究可归纳总结为以下三方面：一是针对电子产品视情维修技术的研究，其对象大部分为军用电子装备；二是针对机械产品视情维修技术的研究，其对象多为车辆、飞机以及发电设备等；三是针对视情维修中关键技术的研究，其对象主要为数据采集技术、数据处理技术、状态评估技术、状态预测技术、故障诊断技术以及维修决策技术等。对电子产品视情维修技术的研究是目前国外研究的热点，其研究重点主要包括以下两部分：一是传感器技术的研究，该部分致力于研制体积更小、采集精度更高的传感器系统及更科学合理的传感器分布及采集技术；二是状态评估、状态预测、故障诊断的模型与算法研究，该部分主要针对研究对象的特点，对各种评估、预测及诊断模型和算法进行研究，为开展视情维修工作提供坚实的理论基础。

2. 国内研究现状

近年来，与视情维修相关的状态评估、状态预测、故障诊断以及维修决策技术等已引起了我国各行业的广泛关注并得到了我国"863"计划的重点扶持。目前我国对视情维修技术的研究已步入正轨并取得了一系列初步成果。北京航空航天大学可靠性工程研究所是国内较早开展视情维修相关技术及应用的研究机构之一，其主要对视情维修在飞行器领域的应用进行深入研究，并对视情维修关键技术的相关模型和算法进行理论探索。我国在民航系统上也初步应用了视情维修技术，如 COMPASS、ECM、ADEPT 等，这些软件的主要功能是对飞机或飞机发动机的状态性能进行监测。在电力、石化、纺织、船舶等行业也已有视情维修技术的部分应用，如郑州大学工学院的 MMDS 2000 系统、英华达公司的 EN 8000 系统、创维的 S 8000 系统、西北工业大学的 MD 3905 系统以及重庆大学的 CDMS - 8900 系统等。

我国军队各大院校及研究机构也对视情维修技术进行了深入的理论及应用研

究。张亮等根据美军 JSF 项目中 PHM 系统与波音公司开发的 AHM 系统的设计思想,针对我军新型战机的技术特点及保障需求,建立了机载 PHM 体系结构,并对其实际应用进行了初步分析;王晗中等为提高我军新型雷达的维修保障能力并降低维修保障费用,将视情维修的相关技术应用于我军雷达的维修保障中,建立了基于视情维修的雷达保障系统,并对系统中的主要组成部分进行了深入分析与研究;彭乐林等对无人机故障预测与健康管理的相关概念及功能进行了分析介绍,并针对无人机系统的结构特点及使用特性对其 PHM 系统的体系结构进行了构建;康建设分析了武器装备视情维修的相关概念,建立了视情维修相关模型,并设计了武器装备维修分析决策系统;张秀斌以大型卡车滑油系统的光谱数据为基础,对发动机的视情维修技术进行了分析。

3. 视情维修技术在导弹中的应用

导弹不同于飞机、车辆等可长时间使用的武器装备,其具有"长期贮存、一次使用"的特点,因而无法将现有的飞机、车辆等装备的视情维修技术直接应用于导弹武器装备。导弹武器装备的视情维修技术研究目前仍处于初级阶段,现有的大部分相关文献主要侧重于介绍视情维修技术应用于导弹装备的原理及体系结构的构建。胡东从不同角度分析了视情维修技术应用于导弹装备的可行性及存在的问题,为后续全面深入开展导弹装备的视情维修工作提供了良好的理论与方法指导;何献武对视情维修技术在某型反舰导弹中的应用进行了分析,并根据反舰导弹的特点构建了传感器网络体系结构;姚云峰以某型导弹自动驾驶仪为研究对象,在分析导弹装备 PHM 技术并构建 PHM 系统体系框架的基础上,设计了贮存状态下某型导弹自动驾驶仪的状态监测方法;张泽奇利用视情维修相关技术对导弹装备的状态进行管理,并设计了导弹状态管理系统,该系统可对导弹状态进行有效管理并可实现部分状态预测功能;Jaw 对导弹装备维修保障、信息化建设及视情维修技术间的关系进行了分析,并在此基础上设计了基于视情维修的导弹状态信息管理系统。

分析总结上述国内外研发的视情维修系统,其关键技术主要是指状态评估、状态预测、故障诊断与维修决策。视情维修的前提就是依据武器装备当前的状态来决定是否进行维修,因而如何评估武器装备的状态也就显得弥足珍贵,目前大多数文献侧重于对视情维修技术原理的介绍,而对如何实现武器装备的状态评估和预测则极少提及。

1.5.2 状态评估方法与技术研究

状态评估技术是视情维修中的关键技术,是开展装备视情维修工作的基础。最初对装备的状态进行评估,往往通过有经验的专家利用装备运行中表现出来的一系列诸如噪声、振动等外部特征加以判断,或使用少量特征参数并通过简单的趋势分析来确定。在该阶段,装备的划分比较简单,一般只分为正常状态和故障状态。随着装备复杂性的不断提高,这种简单的状态评估方法已经不能满足装备使用与维修决策的要求。通过分析总结现有的与状态评估相关的国内外文献可知,目前常用的状态评估方法主要有层级分析法、模糊集合理论、人工神经网络、隐 Markov 模型、贝叶斯网络及 D-S 证据理论等。

1. 层次分析法

层次分析法(Analytic Hierarchy Process,AHP)最早由美国学者 Saaty. T. L 于 20 世纪 70 年代设计并提出,其可对复杂问题进行有效分析。AHP 的分析思路符合人们对于复杂问题分析、判断的直观思路,且计算简便、易于实现,因而 AHP 一经出现便得到了普遍认可,并在各领域得到了广泛应用。AHP 在状态评估领域也得到了成功应用,于文武、叶卫东等利用 AHP 分别对航空发动机和计算机的状态进行了评估,其主要思想为通过 AHP 对航空发动机和计算机的状态进行量化处理,进而得到评估对象所处的状态等级。AHP 易于实现,但其在应用过程中具有较强的主观性,得到的评估结果往往会因人为因素而产生较大差异,且评估结果的合理性很难进行有效验证。

2. 模糊集合理论

模糊集合理论(Fuzzy Sets Theory,FST)是由美国学者 Zadeh. L. A 于 1965 年创立的一种描述和处理模糊现象的理论。近年来 FST 得到了迅猛发展,其在各领域均取得了较好的实际应用成果,并凭借着良好的模糊处理能力在装备状态评估方面得到了广泛使用。宾光富等对 AHP 与 FST 进行了有机结合,构建了机械设备多性能特征参数的状态评估模型,可有效应用于机械设备的状态评估,为设备的维修保障提供了科学的理论依据。曹正洪等将传感器健康度作为传感器状态的定量评估指标,在此基础上利用 FST 对传感器进行了状态评估,得到了传感器当前所处的状态等级。周俊杰等针对机载装备技术状态随机性大、模糊性强的特点,以装备劣化度为评估指标,综合运用 AHP 与 FST 对机载装备的状态进行了评估。吴波等针对目前装备状态评估存在的评估结果不全面、"装备群"的状态评估考虑不充分等问题,将灰色聚类与 FST 相结合,建立了"装备-装备群"二级装备状态评估模型,该模型得到的评估结果合理,具有较强的工程应用价值。王俨剀等将航空发动机的状态划分为健康、亚健康、合格、异常和故障 5 个状态等级,并利用 FST 对各状态等级的隶属度进行了量化处理,最后根据相应的决策原则得到了航空发动机所处的状态等级。Saptarshi 等在组合 AHP 与 FST 的基础上对桥梁的状态进行了评估。

3. 人工神经网络

人工神经网络(Artificial Neural Network,ANN)是一种模仿生物神经网络结构及功能的抽象数学模型。ANN 可在外部信息的刺激下自动调整内部结构,具有较强的自适应性,因而其在各领域均得到了广泛应用。在状态评估方面,RBF 神经网络、BP 神经网络以及自组织神经网络等是目前应用较为广泛的方法。刘建敏等以某型装甲车柴油机的技术状态为评估对象,在实车试验的基础上提取了相关性能特征参数,并利用模糊聚类的方法对柴油机进行了分类,进而基于 RBF - BP 组合神经网络构建了某型装甲车柴油机技术状态的评估模型。Farrokhi 等对 ANN 在变压器状态评估中的应用进行了分析研究,分析结果表明对于不同类型的变压器应建立不同形式的神经网络,其中层次型神经网络具有较好的普适性。Hashemi 等引入小波变换思想对电压的特征向量进行了提取,并在此基础上利用 RBF 神经网络对电压的稳定性进行了状态评估。Azadeh 等对传统 ANN 进行了改进,其利用输入/输出数据来确定随机边界,克服了随机边界难以显示表达的问题,改进后的 ANN 成功应用于对发电机的状态评估。Chungsik 等针对隧道状态评估存在的问题,对传统 ANN 模型进行了优化,优化后的模型可有效反映出隧道状态与隧道环境应力间的关系。Ding 等设计并提出了基于并行处理的 ANN 模型,该模型可有效提高相关函数的逼近能力,并在航空发动机的状态评估中得到了成功应用。

4. 隐 Markov 模型

隐 Markov 模型(Hidden Markov Model,HMM)是一种统计模型,通常用其描述含有隐含未知参数的 Markov 过程。装备状态的退化过程往往与 HMM 描述的 Markov 过程类似,因而 HMM 及其扩展模型常被应用于装备的状态评估领域。Dong 等设计了一种基于隐半 Markov 模型(Hidden Semi - Markov Model,HSMM)的装备状态评估方法,该方法利用 HSMM 对装备状态的变化进行了描述,其在装备状态识别及预测方面取得了较好的应用成果。Peng 等为更好地描述装备状态的退化过程,分析研究了各种影响装备状态持续时间的相关因素,并在此基础上建立了与装备服役年限相关的 HSMM 模型,该模型可有效应用于装备的状态评估与故障预测。何厚伯等利用 Markov 模型对装备状态的退化过程进行了详细描述,并在此基础上建立了装备的状态评估模型。Dong 等对传统 HSMM 进行了改进,提出了一种基于非平稳 HSMM 的装备状态评估方法,改进后的模型工程应用性更强,评估结果更准确。邓超等在采用 K - means 方法对重型数控机床各性能特征参数进行聚类分析的基础上,建立了多性能特征参数的 HSMM,该模型相对传统 HSMM 在描述数字机床状态退化过程中更具优势。

5. 贝叶斯网络

贝叶斯网络(Bayesian Network,BN)是一种基于概率推理的数学模型,其在处理不确定性及不完整性方面具有明显优势,目前已在装备状态评估领域得到了广泛应用。刘美芳等为对轴承退化状态进行有效评估,在对轴承进行特征参数提取的基础上,设计了一种基于 BN 及自组织映射的轴承退化状态评估方法。赵文清等对变压器的层次结构进行了分析,并将变压器的状态划分为 5 个状态等级,进而综合利用 BN 及模糊集合理论对变压器的状态进行了评估。Bhaskar 等针对蓄电池性能特征参数状态数据获取困难的问题,建立了基于 BN 的蓄电池剩余寿命评估模型。Jin 等利用 Wiener 滤波对卫星电池的状态退化过程进行了描述,并在此基础上构建了卫星电池性能退化状态评估及剩余寿命预测的 BN 框架。Lin 等利用 Gauss 模型对设备各状态等级的特征进行了表征,并在此基础上设计了一种基于 BN 的发动机状态评估方法。

6. D - S 证据理论

证据理论最早是由美国学者 Dempster 于 1967 年提出的,后其学生 Shafer 于 1976 年对该理论做了进一步扩充和发展,也称 D - S 证据理论。D - S 证据理论是一种不精确推理理论,属于人工智能范畴,其在处理不确定信息方面具有明显优势,近年来在状态评估领域得到了广泛应用。朱承治等建立了变压器的状态评估指标体系,针对其层次性与不确定性,设计了一种基于证据理论的变压器状态评估方法,并建立了相应的评估模型,该模型对解决证据间的冲突问题具有较强的适应性。Jiang 等对影响武器装备状态的相关因素进行了分析,并利用证据理论对装备不确定信息进行了处理,进而提出了一种基于证据理论及信度结构模型的装备状态评估方法。Shintemirov 等针对采用传统频率响应分析法对变压器绕组进行状态评估存在的不足,利用证据推理使其转化为多属性决策问题,从而建立了变压器绕组状态评估模型。Bao 等利用 D - S 证据理论对建筑物的状态进行了评估,首先利用 BN 得到建筑各组成部分的基本概率赋值,然后利用 Dempster 合成公式进行融合,最后得到建筑的最终状态情况。刘雨等提出了一种基于支持向量数据描述(Support Vector Data Description, SVDD)和 D - S 证据理论的设备性能退化状态评估方法,该方法在利用 SVDD 对各传感器获取的数据分别进行评估后,采用 D - S 证据理论对各评估结果进行融合以得到设备总体状态退化情况。董玉亮等针对汽轮机组部分状态信息不确定的问题,在构建多属性决策树的基础上,利用 D - S 证据理论对相关信息进行了融合,从而实现了汽轮机组的状态评估。Cui 等提出了一种基于 ANN 及 D - S 证据理论的航空发动机状态评估方法,该方法首先采用两种不同类型的 ANN 对航空发动机分别进行评估,然后利用 D - S 证据理论对评估结果进行融合,最后根据融合结果得到航空发动机的最终状态水平。Wang 等针对目前桥梁状态评估存在的问题,利用 D - S 证据理论对桥梁的状态进行了评估,并取得了较好的应用成果。Decanini 等引入了模糊 ARTMAP 思想与 ANN 中的相关技术方法对 D - S 证据理论进行了改进,并在配电系统的故障诊断方面得到了成功应用。Tang 等针对变压器的使用特点,提出了一种基于 D - S 证据理论变压器状态评估方法。Aytunç 等将 D - S 证据理论应用于软件状态的分析领域,并取得了良好的应用效果。Liao 等为更好地开展行为评估及识别,利用 D－S 证据理论在信息融合方面的优势,结合修正格点结构提出了一种新的评估及识别方法。

通过对各种状态评估方法的分析可以看出,随着视情维修技术的不断发展与应用,状态评估技术的作用也愈发重要,其评估对象也逐渐从简单的工程机械发展为复杂的大型系统,目前状态评估技术的主要发展趋势可大致归纳为以下几个方面:

① 复杂大系统的状态评估技术将会得到进一步的发展与应用。大型发电设备、航空航天装备、新型军事装备等复杂系统在日常生活及军事领域均占有重要地位,其一旦发生故障,所造成的经济及军事后果不可估量,因而通过状态评估技术掌握这些复杂大系统的状态,对于及早发现甚至预防故障的发生具有重要意义。目前状态评估技术在复杂大系统中的应用越来越受到世界各国的广泛关注。

② 信息融合技术在状态评估中的作用将越发显著。评估对象在贮存、运输以及使用过程中往往会产生大量状态信息,这些信息从不同角度反映了评估对象的状态情况。为更全面、客观地得到评估对象的实际状态,需要采用科学的信息融合方法对这些状态信息进行融合处理,这对提高状态评估结果的准确性具有重要意义。

③ 在实际工程应用中状态评估技术将与状态预测、故障诊断等技术的联系更加紧密。状态评估技术、状态预测技术与故障诊断技术等同为视情维修中的关键技术,其评估结果往往是开展状态预测与故障诊断工作的基础,三者的紧密结合对于视情维修工作的开展具有良好的推动作用。

1.5.3 故障状态预测方法与技术研究

在对导弹装备进行状态评估,得到其所处状态等级之后,还需要对导弹装备下一阶段发生故障的概率进行预测,以避免因导弹故障而造成不必要的经济与军事损失。随着导弹装备的更新换代,目前我军新型导弹装备中往往含有大量电子部件,电子部件的故障正逐渐成为导弹装备的主要故障。

对于电子部件的故障状态预测,目前常用的方法大致可分为以下三种。第一种是通过提取电子部件的性能特征参数,并对其进行分析处理,从而实现故障状态预测。Xu 在对电子系统状态特性分析的基础上,提取了关键性能特征参数,并对灰色预测模型进行了改进,进而设计了一种基于改进灰色预测模型的电子系统故障状态预测方法。陈伟针对陀螺仪故障状态预测过程中存在的故障样本少、数据变化规律不明显等问题,采用 LS－SVM 预测算法对陀螺仪进行了故障状态预测,仿真结果证明了设计算法的合理性与有效性。第二种是利用预警电路来实现电子部件的故障状态预测。Vichare 通过在电子产品内部设置的"故障标尺"实现了电子产品的故障状态预测。第三种是通过建立累积损伤模型来实现电子部件的故障状态预测。赵建印对电容器的失效机理进行了深入分析,并在此基础上建立了电容器的耗损故障模型,实现了电容器的故障状态预测。

近年来,世界各工业发达国家尤其是美国在电子装备故障状态预测方面做了大量研究工作,并成立了众多科研机构与组织以促进相关技术的研发与工程应用。例如,美国 Sandia 国家实验室联合了美国国家能源部、部分知名院校、相关科研机构以及工业部门等成立了卓越技术中心(Center of Excellence,COE),该中心主要从事故障预测与状态管理技术的研发与推广应用。美国国防工业协会(National Defense Industrial Association,NDIA)下辖的电子产品故障预测工作组(Electronic Prognostics Task Group,EPTG)参与了美军 JSF 项目的研发,主要承担了电子产品故障数据采集以及故障预测方面的工作。美国 Maryland 大学 CALCE(Center for Advanced Life Cycle Engineering)中心与美国军方、科研机构、工业部门、政府机构等合作组建了故障预测与健康管理联盟(Prognostics and Health Management Consortium,PHMC),该组织主要从事电子产品故障预测及健康状态管理等方面的技术工作。美国航空航天总局(National Aeronautics and Space Administration,NASA)的艾密斯研究中心(Ames Research Center,ARC)主要对各种类型的航天器开展故障预测及诊断。

我国在装备故障状态预测方面的研究已经起步,并取得了一定的研究成果。张宝珍等对国外故障预测与健康管理技术的发展及工程应用进行了深入分析,其研究成果对于国内开展相关装备的故障预测工作具有良好的借鉴意义。程惠涛、于勇、孙振明等在国家重点科研项目的扶持下以航天器为研究对象,重点研究了故障诊断、故障预测相关的理论与技术方法。李行善、梁旭、张磊等在国家"十一五"预研项目的需求牵引下,对飞行器故障预测技术及算法进行了深入研究。康锐、孙博、张叔农等针对电子产品的故障预测问题,在设计寿命加速试验的基础上,建立了电子产品的故障预测模型。李刚、马彦恒、贾占强等分析处理了电子产品寿命加速试验所需的前期数据,并通过寿命加速试验得到了电子产品的故障分布及相关规律。吕克洪等利用动态描述模型反映了机电系统损伤与时间应力间的关系,并基于动态损伤设计了系统故障预测方法。许佳丽等对电子系统的状态监测技术进行了研究,并基于改进 HMM 及 BN 分别设计了电子系统的故障预测方法。方甲永针对复杂航空电子装备故障诊断和预测中存在的问题,研究了测试信息不确定条件下的电子装备故障诊断和电子装备故障综合预测。郭阳明、张琪等针对传统故障预测算法存在的局限性,重点对算法的改进及适用性进行了研究。

最近几年,退化故障与突发故障的竞争故障预测问题引起了国内外专家的广泛关注,成为近期的研究热点。退化故障是指装备在贮存过程中规定的性能随时间的推移不断衰退并最终超出阈值而产生的故障。突发故障是指装备突然发生功能丧失,例如部件破坏、电容爆浆以及违规错误操作导致的装备损伤等。Huang 基于威布尔分布建立了退化量的可靠性模型,并运用串联模型分析了突发故障与退化故障不相关时的竞争故障建模方法。Bocchetti 等基于竞争故障模型评估了舰船柴油机的可靠性。Bedford 在统计学相关理论的基础上分析了各竞争失效评估模型的适用性与特点。Lehmann 运用 DTS 模型分析了突发故障、退化故障以及环境因素之间的相互关系。Li 等对多故障模式下复杂多态系统的可靠性评估问题进行了研究。Bagdonavicius 等针对竞争故障问题,根据线性退化模型的半更新过程设计了一种非参数估计方法。目前国内对于竞争故障相关领域的研究较少,赵建印等运用参数回归模型对竞争故障问题进行了分析,苏春等利用退化量来表示突发故障的分布函数并建立了竞争故障可靠性评估模型,王华伟等引入混合 Weibull 模型量化了退化故障对突发故障的影响,并由此实现了航空发动机的剩余寿命预测。

1.5.4 退化状态预测方法与技术研究

目前对导弹装备进行退化状态预测通常采用趋势分析的方法,即根据装备的历史状态信息及当前状态信息来预测装备下一阶段的状态发展趋势。导弹装备退化状态预测的数据基础是历史状态数据及当前的状态数据,随着导弹装备贮存时间的增长,导弹装备的退化程度就越明显,积累的相关状态数据也会越多,因而退化状态预测的精度会越来越高。通过分析总结现有的与退化状态预测相关的国内外文献,可将退化状态预测方法大致分为以下三种。

1. 基于经验的预测

基于经验的预测是指根据装备的历年使用经历及相关数据记录来预测相同类型装备的状态退化情况。该方法不需要准确的数学模型及严格的理论推导,对于某些难以获取状态信息的装备较为适用。基于经验的预测方法实现简单,耗费资源少,但其预测结果往往不够理想,缺乏坚实的理论基础。专家系统预测方法是目前较为常用的基于经验的预测方法,其基本思想是根据某领域专家提供的经验和知识构建专家知识库,然后利用人工智能技术和计算机技术进行推理和预测。Biagetti 等针对装备退化状态预测问题,设计了 PROMISE 专家知识系统,该系统可对装备状态进行实时监测并具有装备退化状态预测功能。李云先综合运用专家系统与 BP 神经网络,建立了神经网络专家系统,并成功应用于地下水水质状态的预测。秦俊奇等针对自行火炮退化状态预测问题,综合运用专家系统、Agent 技术以及综合评判理论,设计了火炮专家预测系统,其预测结果可为自行火炮的维修决策提供可靠依据。

2. 基于模型的预测

采用基于模型的预测方法对装备进行退化状态预测需要首先掌握装备的详细状态信息,并建立能够准确描述装备状态的数学模型。该预测方法的主要思想是利用状态模型对装备状态的退化过程进行描述,并在此基础上通过预测状态模型中的状态变量来确定装备下一阶段的状态退化情况。目前常用的基于模型的预测方法主要有卡尔曼滤波(Kalman Filter,KF)、扩展卡尔曼滤波(Extended Kalman Filter,EKF)等。温慧英等为提高 KF 应用于时间序列预测的性能,利用灰色关联分析提取了预测对象的关键影响因素,并据此建立了动态方程,在此基础上利用 KF 进行预测,在实际应用中取得了较好的效果。张磊等将装备退化状态预测问题转化为对下一阶段状态变量的预测问题,并设计了一种基于二元估计与粒子滤波的预测方法。

3. 基于数据的预测

采用基于数据的预测方法对装备进行退化状态预测无须建立预测对象的精确数学模型,该方法以历年采集得到的状态信息为数据基础,通过对这些数据的分析处理,得到数据的变化规律,从而进行有效预测。基于数据的预测方法可适用于各种类型装备的退化状态预测,具有很强的工程实用价值,近年来受到了各领域的广泛关注。目前常用的基于数据的预测方法主要有经典数理统计、神经网络、灰色理论、支持向量机、数据挖掘等,其中灰色理论和支持向量机是当前研究的热点。

(1)灰色理论

灰色系统理论(Grey System Theory,GST)是由我国邓聚龙教授于 1982 年创立并提出的,其为解决小样本、贫信息不确定性问题提供了一种新方法。基于灰色理论的预测方法所需样本量少,在短期预测中可达到较高的预测精度,因而近年来得到了广泛应用。Li 引入等维新信息递推思想对传统灰色预测模型进行了改进,并在电力系统负荷预测中得到了成功应用。于德介等针对传统灰色预测模型在中长期预测中精度不高的问题,通过数据递补、代谢预测等方法对传统灰色预测模型进行了改进,实例分析结果表明改进后的模型能较好地应用于设备的中长期退化状态预测。Li 等针对传统灰色预测模型对波动性强的数据序列预测效果不够理想的问题,采用 m 点均值算子将原始数据序列转化为具有类似指数增长规律的新序列,改进后的模型在波动数据序列的预测中取得了良好的预测效果。Xiao 等对离散灰色模型进行了改进,增强了模型的适用性,并提高了预测精度。综合来看,灰色理论对于小样本、具有指数变化规律的数据序列的短期预测具有较好的预测效果,而对于波动性较强的数据序列或须进行多步预测时的预测效果不够理想。

(2)支持向量机

支持向量机(Support Vector Machine,SVM)以统计学习理论的 Vapnik - Chervonenkis(VC)维理论为基础,利用结构最小化原则替代了传统经验最小化原则,是一种新兴的智能算法,目前在各领域尤其是预测领域得到了广泛应用。Fung 等为减少 SVM 的计算时间并降低计算复杂度,对传统 SVM 进行了改进,提出了近似支持向量机(Proximal Support Vector Machine,PSVM),PSVM 相对于传统 SVM 具有更快的计算速度,其对于复杂问题的求解具有明显优势。Niu 等针对单一预测方法预测精度不高的问题,综合运用粗糙集理论、灰色理论以及 SVM,建立了基于粗糙集理论的灰色 SVM 预测模型,该模型在季节负荷预测中得到了成功应用。Tang 等将灰色理论与 SVM 进行了有机组合,提出了灰色支持向量机(Grey Support Vector Machine,GSVM),GSVM 利用灰色理论增强了数据的规律性,同时保留了 SVM 良好的泛化能力,相对单一灰色预测模型以及 SVM 具有更高的预测精度。Li 等对传统 SVM 回归预测算法进行了改进,并将其成功应用于船舶价格指数的预测。

　　实际对装备进行退化状态预测过程中,单一预测方法通常会存在一定的局限性,因而为有效拓宽预测方法的适用范围及提高预测方法的预测精度,可考虑将两种或多种预测方法进行有机组合,组合后的预测方法往往会具有更强的适用性、更高的预测精度以及更好的工程应用价值。目前常用的退化状态预测组合方法主要有专家系统与 ANN 的组合方法、FST 与专家系统的组合方法、灰色理论与 ANN 的组合方法以及灰色理论与 SVM 的组合方法等。

第2章　导弹特性与性能特征参数分析

2.1　引　言

对导弹实施状态评估与故障预测,其工作基础是对导弹状态数据的采集,数据采集的有效性与合理性直接决定了研究结果的正确性。由于导弹管理与使用的特殊性,不允许对导弹进行过多的测试,因而采集哪些状态数据,何时以何种方式采集这些状态数据就显得异常重要。考虑到采集到的状态数据种类繁多,其对导弹状态评估与故障预测的影响也不尽相同,因此在对导弹进行状态评估与故障预测之前,还需要对这些状态数据做进一步分析处理,以便更好地开展导弹状态评估与故障预测工作。

本章从导弹结构特性、工作原理与保障特性出发,通过分析导弹故障模式与故障机理,在导弹"病理"分析的基础上,明确了导弹薄弱环节、分析并确定了导弹开展状态评估与故障预测所需采集的状态数据。针对导弹状态评估与故障预测的特点,对采集到的状态数据进行分析,提取了导弹的相关性能特征参数,并对提取到的性能特征参数做进一步的分析整理,确定了导弹状态评估与故障预测的数据基础。

2.2　导弹结构组成

为有效开展导弹状态评估与故障预测工作,首先需要了解导弹的结构组成及工作原理,以便更有针对性地选取适当的技术方法。导弹通常由导引系统、飞行控制系统、引战系统、推进系统、能源系统和弹体系统等构成,导引系统和飞行控制系统又构成制导与控制系统(简称制导系统)。在导弹的研制过程中还要设计遥测系统。常用的反舰导弹飞行弹道如图2-1所示。

(1)导引系统

导引系统是用于探测目标的分系统,导引系统接收并处理来自目标、机载火控系统和其他来源的目标信息,跟踪目标并产生制导指令所需的导引信号送给飞行控制系统。

导引系统按使用的信息种类分为红外导引系统、雷达导引系统、惯性导引系统、电视导引系统、激光导引系统、多模导引系统等。

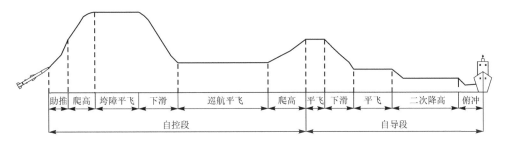

图 2 - 1　反舰导弹飞行弹道示意图

（2）控制系统

控制系统用来稳定弹体姿态和控制导弹质心按控制指令运动。飞行控制系统通过对弹体的俯仰运动、偏航运动以及横滚运动的控制，使导弹在整个飞行过程中具有稳定的飞行姿态和快速响应制导指令的能力，控制导弹按照预定的导引规律飞向目标。

对于轴对称的空空导弹，一般采用侧滑转弯（Slip to Turn，STT）控制。导弹通常有三个控制通道：俯仰和偏航是两个相同的控制通道；另一个是横滚控制通道。根据导弹工作原理不同，横滚控制有横滚角度控制和横滚角速度控制两种形式。对于面对称的空空导弹，通常采用倾斜转弯（Bank to Turn，BTT）控制方式。

传统导弹的机动一般通过舵面偏转产生气动力矩来实现，但气动力矩的大小与导弹飞行状态密切相关，导弹在低速或高空飞行时气动控制的效率很低。推力矢量控制是通过改变推力方向来产生控制力矩，只与发动机的推力和偏转角度有关。推力矢量控制具有机动能力大和反应速度快的优点，但只能在主动段（发动机工作段）使用，主要用于近距格斗导弹修正初始航向误差。

（3）引战系统

引战系统由引信、安全和解除保险机构以及战斗部三部分组成。引战系统的功能是在导弹飞行至目标附近时，探测目标并按照预定要求引爆战斗部毁伤目标。

（4）推进系统

推进系统为导弹飞行提供动力，使导弹获得所需的飞行速度和射程。

（5）能源系统

能源系统提供导弹系统工作时所需的各种能源，主要有电源、气源和液压源等。

电源有化学热电池、涡轮发电机等，主要用于给发射机、接收机、计算机、电动舵机、陀螺和加速度计、电路板、引战系统等供电。

气源有高压洁净氮气或其他介质的高压洁净气源和燃气，主要用于驱动气动舵机、导引头气动角跟踪系统以及对红外探测器的致冷等。

液压源主要用于驱动液压舵机、导引头角跟踪系统等。

（6）弹体系统

弹体系统将导弹各个部分有机地组成一个整体，由弹身、弹翼和舵面等构成。导弹各个舱段组成一体形成弹身，弹身、弹翼是产生导弹升力的主要结构部件，舵面的功能是按照制导系统的指令操纵导弹飞行。弹体系统通常具有良好的气动外形以减小阻力，增强机动性，具有合理的部位安排以满足使用维修性要求，具有足够的强度和刚度以满足各种飞行状态下承力要求。

（7）遥测系统

导弹在研制过程中进行飞行试验、批生产交付检验靶试以及部队进行导弹发射训练时，为了解和评价导弹的飞行性能，通常要加装遥测系统。当试验出现故障时，遥测数据是分析故障的主要依据，遥测装置通常安装在导弹战斗部的位置。在研制过程中进行空中挂飞试验时，通常需要加装记录系统，记录导弹各种工作参数，为分析故障、鉴定产品性能和改进产品设计提供依据。

2.3 导弹装备及其性能状态特性

2.3.1 导弹装备特性

导弹装备是一个复杂的武器系统，具有结构高度复杂、功能高度完善、自动化性能高度集中等特点，各个组成部分虽分工不同，但具有千丝万缕的联系，彼此相互影响，可以视为一个大型的多层次结构系统，其具有如下主要特点：

（1）系统组成及结构复杂，协同动作多

导弹武器系统是一个极其复杂的大型系统，包含成千上万个元器件，涉及众多尖端技术，装备和技术配套性极强。在系统组成上，弹头和弹体一般认为是一次性使用产品，但在使用前需要对其组成器件进行各种不同的测试。地面保障设备各组成部分则为可修复的多次使用产品，在作战使用过程中，既要对各种保障测试装备进行测试和维护，同时还要对导弹进行对接、运输、拆卸装配、发射以及发现故障后的修复、换件等工作。在整个工作过程中，如果其中某个单元出现故障或某个环节操作动作不协调将直接导致故障的发生和任务的失败。

（2）战备时间长，工作时间短

导弹大部分时间处于贮存和战备值班状态，为保证其能随时投入使用，平时必须做好维护和功能检查，使所有装备处于具有正常工作的能力而不实际工作的状态。装备的实际工作时间远比战备时间短得多，也大大少于设备功能检查的累积时间。

（3）导弹长期贮存，一次使用

导弹生产出来交付部队之后，主要处于贮存状态，即使在阵地的战备导弹，在检测周期内也是处于待命停放状态。导弹的贮存时间长达几年、十几年。长期贮存过程中,元器件及某些零组件的一些特性由于环境等因素的影响,可能产生耗损和退化,定期检测也可能诱发故障,这些都不同程度地影响导弹完成其规定的功能。一旦在某一随机时刻导弹开始工作并发射出去,其工作过程则是不可逆的。因此导弹是一次性使用的系统。

(4) 导弹武器系统各组成部分的工作环境差异大

导弹在空间飞行过程中,处于过载、低温、低压、风载、姿态变换应力等环境因素影响下,工作环境比较严酷;地面测试、发控系统中的各种设备,工作环境较为优越,但工作次数多,使用周期长,也会受到工作应力和环境应力的影响。因此对不同的元器件应提出不同的可靠性、维修性、保障性设计要求,在确定保障资源库存时,应有所区分。

(5) 性能特征参数众多

对于复杂导弹武器系统来说,其性能特征参数众多,可达数百且特点各异,参数不同其变化规律也各具特点,无法用相同的数学模型来描述不同参数的变化趋势。由于多信息融合,参数测试数据并不能完全反映导弹系统整体的状态;参数是具有时变性的,随着时间的变化而不断发生变化,进而导致单机子系统和整弹系统的性能状态发生变化。

(6) 状态描述难度大

单机子系统的特征体现会随着组成整弹系统而隐藏,这增加了描述性能状态的难度,要想描述整弹系统就要重新寻找其他特征,因此可以在系统的组成结构和使用功能方面入手。对整弹系统而言,不同的描述方式可以使其复杂程度不同,然而要想使描述更加简单,其精确性就不能得到保证;反之,描述得极其精确就不能使其简便。在有关复杂导弹武器系统的目前研究当中,线性描述被广泛运用,而事实上其性能状态变化一般都是非线性的。

(7) 开放性

复杂导弹武器系统可以与外界进行各类物质能量信息交换,属于人机系统。一方面,复杂导弹武器系统可以通过改变单机子系统的运行状态来达到维修整弹系统的目的,实现预期的功能;另一方面,系统的外部环境会随着时间的推移而改变,这也会影响其性能状态。

2.3.2　导弹装备性能状态退化特性

导弹装备是由许多单机子系统、分系统、部件、元器件组成的复杂系统,其性能状态退化通常由低层次单元产生,并逐渐引起高层次或同层次单元性能状态退化,最终导致整弹系统的性能状态退化,作战效能也会受到极大影响。复杂导弹武器系统性能状态退化过程具有以下特点：

（1）具有层次性

一般来说，复杂导弹武器系统的结构具有多层次模块化，其退化过程的层次性是由系统组成结构的层次性决定的，也就是说复杂导弹武器系统最终的故障必然是其低层次单元性能状态退化导致的，这可以看作是复杂导弹武器系统性能状态的纵向退化。该特点为复杂导弹武器系统性能状态评估提供了一个有效方法，也是整弹系统性能状态评估的一个重要思想，即可以把结构复杂的整弹系统进行分解，得到简单的可测试单元，然后进行定量分析。

（2）具有相关性

构成复杂导弹武器系统的各单机子系统之间具有千丝万缕的关系，彼此相互依存又彼此相互制约，一个单机子系统性能状态的退化可能会使与它相联系的同层次某些单机子系统的性能状态也逐渐退化。这可以看作复杂导弹武器系统性能状态的横向退化。这个特点表明，复杂导弹武器系统中任何一个单机子系统的性能状态不能离开整弹系统去评估，各单机子系统之间的相互影响关系也不能离开整弹系统去考虑。

（3）具有多发性

一般来讲，复杂导弹武器系统性能状态退化过程中，一个单机子系统的性能状态退化会影响多个分系统，多个单机子系统性能状态退化会共同影响一个分系统，也就是说不同层次不同单机子系统具有多发性。这种多发性既可以表现在纵向退化上，也可以表现在横向退化上。

（4）具有时间性

复杂导弹武器系统性能状态退化是一个由量变到质变的过程，即开始于某一低层次单机子系统的轻微性能退化，最终漫延至整个系统故障。也就是说，复杂导弹武器系统性能状态退化具有时间性。

2.4　导弹保障特性分析

导弹具有长期贮存、一次发射使用的特性，发射之前，导弹服役过程中绝大部分时间处于不同形式的存放状态。导弹具有通电时间限制，在发射之前，不允许进行过多的功能测试、自动检查等。状态评估与故障预测工作的开展依赖于状态基础信息的使用，由于导弹装备的特殊性，这些基础信息则需要通过日常的导弹保障业务工作进行收集。

导弹在服役期，会经历运输、装卸、存放、测试、维修和待用等过程，如图 2-2 所示。

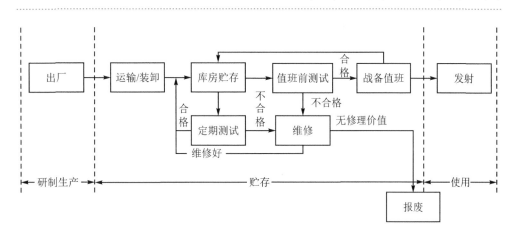

图 2 - 2 导弹服役期任务剖面示意图

导弹在服役期可能处于不同的状态,除了转级正常的操作以外,还有一些与周期有关的使用保障工作。这些保障工作是获取导弹状态数据的基础,由装备保障工作与装备保障管理工作两部分组成,其中的业务组成如图 2 - 3 所示,具体包括装备分配与调拨(运输)、装备接收、储备、启封动用、技术检查、维护修理和退役报废等阶段的装备日常维持工作,当开展装备战备工作时,便产生战备值班、技术准备和发射这三个阶段的业务活动。

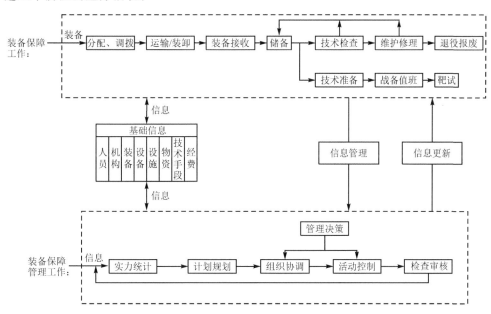

图 2 - 3 导弹装备保障工作的业务组成

装备保障管理工作是对装备保障工作的管理与指挥,包括装备信息的实力统计、业务的计划与规划、组织协调、活动控制、管理决策、检查审核等工作。这些工作中有些会影响导弹的状态,产生影响状态的信息,有些会产生表征导弹状态的信息。获取导弹状态信息主要通过服役过程中的导弹维护、修理等保障工作。

2.5　导弹故障模式及机理分析

分析导弹故障模式及其故障机理的目的是掌握导弹"病状"及"病理",进而针对导弹可能的故障情况,有目的地开展导弹状态评估与故障预测技术研究。结合以上分析,考虑到导弹火工品单独存放,为了方便进行分析,将导弹分为弹上设备与火工品两大类,弹上设备包括弹体、动力系统(不含小火工品)和制导系统(含电气系统),火工品包括引信、战斗部及全弹小型火工元件。

2.5.1　弹上设备

1. 弹　体

弹体用来装载战斗部及弹上各种设备、承受各种载荷并赋予导弹良好的空气动力外形,因此弹体的完好性、密封性能以及各舱口盖的正常闭合都影响着导弹能否正常工作。

影响导弹弹体可靠性的因素主要有以下两种:一是自然环境因素,包括温度、湿度、霉菌、盐雾等;二是诱导环境因素,包括运输装卸过程中的振动、冲击和大气污染等。这些因素会导致壳体部件损伤、变形、锈蚀,机械部件功能缺损,密封件脱落、老化等。主要的故障模式有:

(1)弹体机械损伤

弹体(含起吊螺栓孔的螺纹等)、弹翼、尾翼、舵面、天线罩等发生一定程度的机械损伤、腐蚀、变形、内部裂纹、脱漆,机械损伤会降低弹体承受气动载荷的能力,严重的会造成结构破坏,导致导弹无法正常发射、飞行。

(2)弹体连接松动

各部件的连接螺钉(或螺栓)、螺母(或托板螺母)、定位销、运输止动销及剪切销不齐全或松动,导致连接松动(弹翼、尾翼等,弹身各舱段的对接间隙、阶差过大),连接松动会降低弹体承受气动载荷的能力,影响弹体气动外形,导致导弹无法正常发射、飞行。

(3)展开机械装置润滑失效

舵和弹翼展开机械装置的减震孔内装有润滑油,如果润滑油泄漏,会导致润滑失效,造成舵和弹翼展开机械装置无法正常工作。

(4)气体发生器通气管密封失效

气体发生器通气管是弹翼展开系统的关键部件,其发生泄漏会导致无法展开弹翼,严重影响导弹的正常飞行。需要对其进行规定压力下的密封性检查。

2. 动力系统

（1）发动机

1）进气道

进气道的失效包括节气门失效、进气格栅损伤失效和结构机械损伤失效。进气道失效会影响导弹的正常进气，从而影响发动机的性能。

2）燃烧室

在长期贮存条件下燃烧室的主要失效模式有：由于燃烧室壳体锈蚀和锈斑影响发动机正常工作；助推器滑板变形、老化、强度降低影响助推器分离；火焰稳定器及其保护条由于变形和老化影响火焰稳定和助推器分离。

3）增压系统与燃油系统

增压系统与燃油系统大多采用气压或液压管路进行连接。连接管路密封性好坏直接决定了发动机是否能够可靠工作。随导弹的长期贮存，其失效模式主要表现为发动机连接管路的密封性逐渐衰退。

（2）助推器

助推器为固体火箭发动机，在长期贮存过程中，其装药的感度增加的可能性较少，在贮存、测试、运输和战斗值班阶段意外点火可能性也不大。但由于助推器装药在运输、勤务处理和贮存期间，药柱内可能产生裂缝；药柱-绝热层、绝热层-壳体等黏结界面可能发生脱黏，这些缺陷在发动机点火时将产生"超"燃烧表面，如果燃烧表面面积偏离设计值较大时，燃烧室壳体无法承受过高压力，将导致燃烧室爆炸。

1）装药燃烧室

装药燃烧室是固体火箭发动机上最关键的部件之一，燃烧室的贮存失效也就意味着发动机的贮存失效。燃烧室由燃烧室壳体、绝热结构和推进剂药柱组成。

① 燃烧室壳体。

导弹助推器的壳体材料是金属，其可能的失效模式是壳体出现外部损伤和裂纹，根据目前的使用经验，只要对壳体表面采取比较合理的外防护技术措施，则可以不考虑金属壳体的贮存失效问题。

② 绝热结构。

绝热结构的主要失效模式为脱黏，若在关键界面脱黏将会造成灾难性的后果。例如在药柱与衬层黏接界面出现脱黏，且与外界连通，则发动机在工作时，燃面会突然增大，导致压强上升，严重的则导致燃烧室壳体爆破。因此需要重点监测绝热结构是否存在脱黏缺陷。

③ 推进剂药柱。

固体推进剂是一种高聚物，其老化是一个不可逆的动态过程，这是固体推进剂固有的性质，不可能从根本上防止推进剂的老化。固体推进剂在长期贮存过程中，其力学性能和理化性能会出现一定的变化。推进剂的种类不同,其老化的规律也不同。以丁羟推进剂为例,初期老化规律为伸长率下降而强度上升,后期为伸长率和强度均下降,当下降至一定程度,推进剂的性能已不能满足发动机工作载荷的要求时,就意味着推进剂贮存失效模式的发生。

2)喷 管

助推器的喷管为固定喷管,其在贮存期内的主要失效模式是金属与非金属黏接界面脱黏,该故障可能造成喷管工作过程穿火的严重后果。另外,喷管与装药燃烧室连接的密封结构可能会出现密封失效,导致助推器工作过程中燃气泄漏,严重威胁助推器的工作可靠性。

3)点火器和安全点火装置

点火器和安全点火装置是助推器可靠点火的保证。其失效模式主要有点火电爆管失效、安全点火装置功能失效、点火燃烧室结构缺陷等。这些失效可能导致助推器无法正常点火或者在点火启动过程中产生异常的点火压强峰。

4)密封圈老化

发动机前后开口的密封圈一般均采用橡胶密封圈,密封圈一方面存在化学老化,即橡胶的分子结构发生变化,导致密封失效;另一方面在装配状态下贮存时,由于受机械应力、贮存环境介质和温度的作用产生压缩永久变形,导致密封圈压缩量减小、回弹速率降低而引起泄漏,从而丧失密封性能。

3. 制导系统

弹上电子设备失效主要是由于电子元器件自身失效、参数漂移、电路污染、虚焊或脱焊、导线短路或折断等因素导致的电路失效。此外,有关研究证明,电子设备故障还往往与互连和连接器有密切关系,具体体现在连接可能出现松动、触点氧化和锈蚀等,此种情况严重时会造成测试不合格,具体表现为电子设备故障,或测试虽然合格,但在导弹发射时受到大的冲击和振动,导致设备故障。

2.5.2 火工品

弹上火工品失效主要取决于两方面因素:

① 火工品所用装药自身的贮存性能,如热安定性和吸湿性。其中,吸湿性影响更为严重,吸湿将从四个方面影响火工品的性能,即点火性能、药剂的化学相容性、物理相容性和药剂对桥丝的腐蚀;火工品经长期贮存后,可能造成发火感度降低,安全性、可靠性下降,严重者导致意外发火或瞎火,对人员、设备造成危害。

② 火工品的结构,特别是结构的密封性。如果产品密封结构中有橡胶圈、垫圈、密封胶等非金属材料,这些非金属材料超过使用期限会出现老化、断裂、破损、弹性下降等现象,导致产品密封性能下降,并对产品所装药剂性能产生较大影响。

2.6　导弹性能特征参数分析

导弹在贮存过程中很少进行外观检查,且相关维修和服役年限对导弹的影响也相对较小,导弹的状态数据主要表现为利用自动测试设备测试得到的测试数据及由此产生的故障数据,即导弹的状态主要是由自动测试设备在测试过程中产生的相关信息反映的,因而对导弹进行状态评估与故障预测时,首先应从众多导弹测试参数中提取出有关导弹的性能特征参数,并在此基础上对性能特征参数做进一步分析,以确定导弹状态评估与故障预测的数据基础。

对导弹进行状态评估与故障预测是为了得到导弹当前的状态并预测其在未来一段时间内的故障概率及状态退化情况,因而在提取导弹相关性能特征参数之后,需要对提取到的性能特征参数做进一步分析,以确定导弹状态评估与故障预测的数据基础。根据导弹性能特征参数测试结果的表现形式,本章将导弹的性能特征参数分为开关量性能特征参数和模拟量性能特征参数。

（1）开关量性能特征参数

开关量性能特征参数是指测试值只能表现为标准值或故障值的性能特征参数,即当开关量性能特征参数测试结果正常时,其测试值表现为固定的标准值;当开关量性能特征参数测试结果故障时,其测试值表现为相应的故障值。由于开关量性能特征参数的测试值只能取既定的"开关量",因而难以利用开关量性能特征参数来表现导弹的状态退化情况。

（2）模拟量性能特征参数

模拟量性能特征参数是指测试值可在规定阈值范围内连续取值或在规定阈值范围外任意取值的性能特征参数,即当模拟量性能特征参数测试结果正常时,其测试值可为规定阈值范围内的任意数值;当模拟量性能特征参数测试结果故障时,其测试值可为规定阈值范围外的某一故障值。由于测试结果正常的模拟量性能特征参数可在规定阈值范围内任意取值,因而可利用模拟量性能特征参数测试值偏离标准值的程度来表征模拟量性能特征参数当前的状态。

在导弹状态评估过程中,为确定导弹是否处于故障状态,需要对全部性能特征参数进行测试结果正常/故障检验,若全部性能特征参数的测试结果均正常,则表明导弹测试正常,否则导弹处于故障状态。对于测试结果正常的导弹,为得到其当前的状态,还须对性能特征参数做进一步处理。通过分析导弹状态的相关概念可知,导弹的状态可由各性能特征参数的测试值偏离标准值的程度进行表征,考虑到测试结果正常的开关量性能特征参数的测试值只能取固定的标准值,难以利用开关量性能特征参数来表现导弹的状态退化情况;而测试结果正常的模拟量性能特征参数的测试值可为规定阈值范围内的任意数值,因而可利用模拟量性能特征参数测试值偏离标准值的程度来表征模拟量性能特征参数当前的状态,进而融合全部模拟量性能特征参数的状态以得到导弹的当前状态。

导弹在贮存过程中突发故障与退化故障均可能发生,因而需要在综合考虑突发故障与退化故障的基础上对导弹进行故障状态预测。对于导弹的突发故障而言,考虑到导弹全部性能特征参数均有发生突发故障的可能,因而需要以全部性能特征参数的突发故障数据为基础对导弹的突发故障进行预测;对于导弹的退化故障而言,考虑到测试结果正常的开关量性能特征参数的测试值只能取固定的标准值,测试结果故障的开关量性能特征参数的测试值只能取相应的故障值,因而难以利用开关量性能特征参数的历年测试数据对导弹退化故障进行预测,而测试结果正常的模拟量性能特征参数的测试值可为规定阈值范围内的任意数值,可利用模拟量性能特征参数的历年测试数据对其分布规律进行分析,进而对导弹的退化故障进行预测。

导弹的退化状态预测是在假定下一阶段导弹测试结果正常的前提条件下,根据导弹当前的状态及历史状态信息对下一阶段导弹的退化状态进行预测。考虑到测试结果正常的开关量性能特征参数的测试值只能取固定的标准值,因而难以利用开关量性能特征参数的历年测试数据对导弹的退化状态进行预测,而测试结果正常的模拟量性能特征参数的测试值可为规定阈值范围内的任意数值,因此可在预测模拟量性能特征参数退化状态的基础上,通过评估模拟量性能特征参数的预测值来确定导弹的退化状态。

由上述分析可得,开关量性能特征参数和模拟量性能特征参数的分析结果如图 2-4 所示。

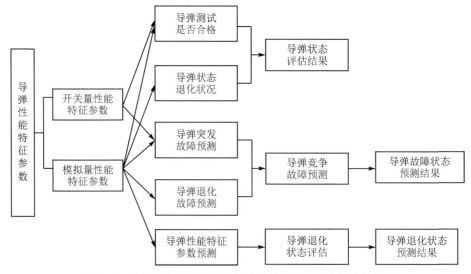

图 2-4 开关量性能特征参数和模拟量性能特征参数分析结果

2.7　本章小结

本章针对导弹管理与使用的特殊性,分析并确定了导弹开展状态评估与故障预测所需采集的状态数据,并对采集到的状态数据进行分析处理,确定了导弹状态评估与故障预测的数据基础,主要内容如下:

① 分析了导弹的结构组成、装备及其性能状态特性、保障特性,明确了导弹的状态信息产生的主要环节。

② 对导弹故障模式及机理进行了分析,掌握了导弹"病状"及"病理",进而针对导弹可能的故障情况,有目的地开展导弹状态评估与故障预测技术研究。

③ 对导弹性能特征参数进行了分析,提取了有关导弹的性能特征参数,并在此基础上将性能特征参数分为开关量性能特征参数和模拟量性能特征参数。开关量性能特征参数只能用于确定导弹是否处于故障状态并预测导弹的突发故障,而模拟量性能特征参数不仅能完成开关量性能特征参数的功能,还可用于测试结果正常的导弹的状态评估、退化故障预测和退化状态预测。

第3章 基于改进证据理论的多参数融合导弹状态评估

3.1 引 言

由于视情维修的基本思想是根据装备的当前状态来判断装备是否需要维修或何时采用何种方式进行维修,因而对导弹当前的状态进行评估,得到其状态退化状况,对于有效开展导弹视情维修工作具有显著意义。贮存状态下导弹状态所受环境应力的作用难以准确地定量表示,即导弹的状态主要是利用自动测试系统测试时选取的性能特征参数的测试数据反映的,若不考虑测试设备的相关测试误差,性能特征参数的测试数据可以很好地反映导弹的当前状态,故在一定置信度条件下,可根据性能特征参数的测试数据对导弹进行状态评估。

本章按照导弹实现其规定功能的状况对导弹的状态等级进行了划分,在此基础上建立了导弹的状态评估模型,并设计了状态评估流程。首先,对导弹各性能特征参数进行状态评估,考虑到各状态等级之间并没有明显的界限划分,只有模糊的过渡区域,因此采用模糊集合理论构建改进岭形隶属度函数得到各性能特征参数的状态隶属度,并通过对比常用的客观赋权法,引入变权思想确定性能特征参数的变权权重;其次,针对利用传统 D-S 证据理论在融合导弹各性能特征参数时存在的问题,分别对证据源进行修正以及对冲突证据进行处理,设计了一种新的证据合成方法;最后,通过相应的状态等级决策方法确定导弹的最终状态等级。

3.2 状态等级划分

在对导弹进行状态评估之前,需要先确定导弹的状态等级。通过对各保障单位的调研可以发现,目前对导弹进行状态评估时,通常采取"是非制",即认为导弹的状态只有正常与故障两种,若所有性能特征参数的测试数据均处于工业部门给定的参数阈值范围内,则导弹是正常的,否则为故障。该评估方法对于具有良好状态的导弹和具有已接近故障状态的导弹往往会采用一样的维修方式,这会对具有良好状态的导弹造成维修过剩而导致资源浪费,而对具有已接近故障状态的导弹则会因维修不足而导致战备完好性降低,难以开展导弹视情维修工作,所以应考虑重新对导弹的状态等级进行细致划分。然而在对导弹进行状态等级划分时也不能过于细化,导弹长期处于贮存状态,不允许进行过多的测试,测试信息获取困难,很难对过多种类的状态等级进行准确区分。若等级分类过细,则会造成使用单位难以根据导弹的状态等级来决定采用何种维修策略。目前,在质量评估领域一般可将导弹装备分为"四等七级"。

该等级划分方式主要是依据贮存年限、维修次数及相关专家的主观判断,其在质量评估领域较为适用,但对于导弹的状态评估而言,仍存在一定的局限性。第一,该等级划分方式未能充分利用导弹的测试信息,无法很好地确定导弹实际所处的退化状态。例如,同为贮存 3 年未经过维修的导弹,按照"四等七级"的划分方式,都应划分为新品,然而由于每枚导弹的出厂状态并不相同,其在贮存过程中的退化情况也各有差异,有的导弹可能在第 3 年已退化到故障的边缘,若仍划分为新品状态,其对部队的使用会造成严重影响。第二,该等级划分方式存在一定的主观性,其中关于"质量完好,配套齐全,能用于作战、训练"的相关描述并无明确的指标与判断方法,只能由相关技术人员凭经验加以判断。第三,由于该等级划分方式主要依赖于导弹的贮存年限与维修次数,其对导弹的状态信息并未充分利用,因而基于"四等七级"的等级划分方式无法有效开展导弹视情维修技术工作。

为更准确地反映导弹的状态,本章通过综合分析现有的导弹装备状态等级划分方法,并调研部队实际使用情况及相关专家的建议,针对视情维修相关技术需求,建议将导弹的状态划分为良好状态、较好状态、堪用状态、拟故障状态和故障状态 5 个状态等级。

(1)良好状态

良好状态表现为导弹测试过程中全部性能特征参数的测试数据都处于规定阈值范围内,且全部性能特征参数的测试数据都靠近标准值、远离阈值上下边界,导弹具有较高的战备完好性,可按预先设计的方案实施测试并视情延长维护保养周期。

(2)较好状态

较好状态表现为导弹测试过程中全部性能特征参数的测试数据都处于规定阈值范围内,且部分性能特征参数的测试数据在标准值附近区域不断波动,但仍距阈值上下边界较远,可按预先设计的方案开展测试与维护保养工作。

(3)堪用状态

堪用状态表现为导弹测试过程中全部性能特征参数的测试数据都处于规定阈值范围内,且某些性能特征参数的测试数据距离标准值较远,但仍未达到阈值上下边界。该状态往往是因导弹内部某些电子器件或机械部件受恶劣环境应力影响所致,在环境应力恢复正常后,大多数情况下导弹会恢复到较好状态,但很难达到良好状态。为确保导弹的战备完好性,可视情缩短计划测试周期,增强导弹的状态监测力度并优先开展维护保养工作。

（4）拟故障状态

拟故障状态表现为导弹测试过程中全部性能特征参数的测试数据都处于规定阈值范围内，且某些性能特征参数的测试数据靠近甚至达到阈值上下边界。该状态通常是由长时间环境应力累积影响或元器件参数漂移等因素引起的电子或机械部件功能退化所致。为确保导弹处于较好的技术状态，应视情缩短计划测试周期，并增强对导弹的状态监测，及时开展维护保养工作。

（5）故障状态

故障状态表现为导弹测试过程中某个或某几个性能特征参数的测试数据处于规定阈值范围外。该状态是拟故障状态进一步退化的结果，是在多种应力影响下相关部件的故障多发状态，为确保导弹的正常工作，需要立即安排相关技术人员对导弹进行维修。

通过上述状态等级划分可知，处于良好状态、较好状态、堪用状态和拟故障状态的导弹，由于全部性能特征参数的测试数据都处于规定阈值范围内，因此该导弹可以通过测试，完成既定的作战需求。然而对处于堪用状态或拟故障状态的导弹，相关技术人员需要对其重点关注，在下一阶段的贮存过程中，该状态的导弹往往会进一步退化发展为故障状态，需要视情缩短计划测试周期并增强对该导弹的状态监测。处于故障状态的导弹，由于某个或某几个性能特征参数的测试数据处于规定阈值范围外，因而无法通过测试，难以完成既定的作战需求，此时需要尽快对其故障原因进行排查并安排相关技术人员进行维修，以避免产生更大的军事、经济损失。

目前导弹是否故障的评判标准是根据性能特征参数的测试数据来体现的，即测试数据处于规定阈值范围外，则认为导弹故障，此时可将导弹的状态划分为故障状态，所以对于导弹的故障状态等级，可通过性能特征参数的测试数据是否处于规定阈值范围内进行判断。而导弹的良好状态、较好状态、堪用状态、拟故障状态等级间则不存在准确的边界，仅有模糊的过渡区域。例如，处于良好-较好边界状态的导弹，可能在隶属良好状态的同时也隶属较好状态，只是相应的隶属程度有所差异，此时需要选取适当的决策方法对导弹的最终状态等级进行确定，以便于相关技术人员进行后续的维修决策。

3.3 导弹状态评估

3.3.1 导弹状态评估模型

依据导弹性能特征参数的测试结果，若某个或某几个性能特征参数测试故障，则导弹是故障的,此时可将导弹的状态划分为故障状态。若全部性能特征参数测试结果均正常,则导弹是正常的,此时各性能特征参数的测试结果均是对导弹状态的反映。对导弹进行状态评估即可看作一个多指标的评估问题,可考虑通过融合全部性能特征参数的状态来最终确定导弹的状态等级,本章设计的导弹状态评估模型结构如图 3-1 所示。

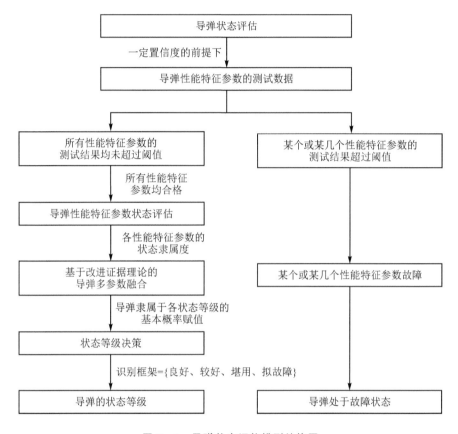

图 3-1　导弹状态评估模型结构图

3.3.2　导弹状态评估流程

首先对导弹各性能特征参数进行状态评估,得到各测试结果正常的性能特征参数隶属于良好、较好、堪用和拟故障状态等级的状态隶属度,并基于变权思想确定各性能特征参数的权重;然后利用本章设计的新的证据合成方法对各性能特征参数的状态进行融合处理,得到导弹属于良好、较好、堪用和拟故障状态等级的状态隶属度;最后对导弹进行相应的状态等级决策,即可确定出导弹的最终状态等级。本章设计的导弹状态评估流程如图 3-2 所示。

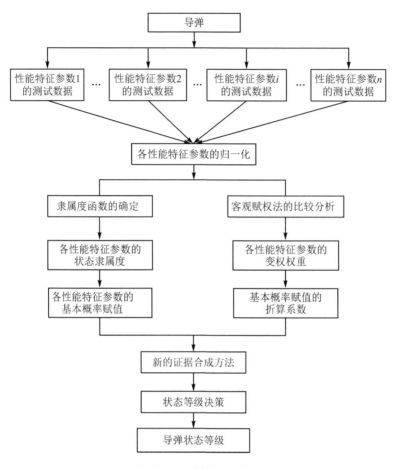

图 3 - 2 导弹状态评估流程

3.4 导弹性能特征参数评估

由于导弹的状态是由全部性能特征参数的状态共同反映的,因而在导弹状态评估过程中,应先对各性能特征参数的状态进行评估,以得到各性能特征参数的状态隶属度。通过分析导弹的状态等级划分可知,导弹的故障状态可通过判断性能特征参数的测试数据是否处于规定阈值范围内来确定,而良好状态、较好状态、堪用状态和拟故障状态等级之间则不存在准确的边界,难以利用测试结果进行直观判断,所以在导弹各性能特征参数的状态评估过程中,应先基于自动测试系统的测试结果判断各性能特征参数的测试数据是否处于规定阈值范围内。若某性能特征参数的测试数据不在规定阈值范围内,则该性能特征参数是故障的,此时可直接将导弹的状态划分为故障状态;若某性能特征参数的测试数据处于规定阈值范围内,则该性能特征参数是正常的,此时需要对该性能特征参数做进一步处理,以便于后续各性能特征参数的状态融合。通过对导弹性能特征参数的分析可知,对通过测试的导弹进行状态评估时所利用的性能特征参数为模拟量性能特征参数,因而本章主要对测试结果正常的模拟量性能特征参数进行状态评估。若无特殊说明,本章涉及的性能特征参数均为测试结果正常的模拟量性能特征参数。

3.4.1　性能特征参数的归一化

导弹各性能特征参数的状态可通过相应测试数据偏离标准值的大小进行表征,其偏离标准值越大,性能特征参数的状态退化越严重。通过对导弹性能特征参数的分析可知,各性能特征参数的量纲、阈值范围等基本均不相同,通过测试得到的各性能特征参数偏离标准值的差异也甚大,因而为便于下一步对各性能特征参数进行状态融合,需要对各性能特征参数的测试数据做归一化处理,利用归一化值对性能特征参数的状态进行表征。在归一化各性能特征参数测试数据的过程中,可令归一化值随着性能特征参数测试数据偏离标准值程度的加大而增大、缩小而减小,此时归一化值可以较好地反映相应性能特征参数的当前状态。

假设导弹有 n 个性能特征参数,则第 $i(i=1,2,\cdots,n)$ 个性能特征参数的归一化值 λ_i 为

$$\lambda_i = \begin{cases} \left(\dfrac{x_i - x_s}{x_u - x_s}\right)^k & x_s \leqslant x_i \leqslant x_u \\ \left(\dfrac{x_i - x_s}{x_1 - x_s}\right)^k & x_1 \leqslant x_i < x_s \end{cases} \tag{3-1}$$

式中,x_i 为第 i 个性能特征参数的实测值;x_s 为标准值;x_u 为上阈值;x_1 为下阈值;k 为参数变化对性能特征参数状态的影响程度,一般可取值为 1。

由归一化值 λ_i 的表达式可知,性能特征参数的状态随着归一化值的增大而变差,当性能特征参数的实测值等于标准值时,归一化值为 0,此时该性能特征参数处于最优状态;当性能特征参数的实测值等于上阈值或下阈值时,归一化值为 1,此时该性能特征参数处于最差状态。

3.4.2　模糊集合理论

由导弹的状态等级划分可知,导弹的良好状态、较好状态、堪用状态和拟故障状态等级间不存在明显的边界区分,仅存在模糊的过渡区域,即导弹的各状态等级因不具有从某种状态至其他状态的明确划分而存在一定的模糊性,也可称为不确定性,该不确定性大多具有非随机特性,难以用经典概率论的方法分析解决。模糊理论可利用相关数学模型与方法很好地解决某些具有客观特性的模糊对象所存在的问题,因而针对导弹各状态等级间存在的不确定性问题,本章考虑采用模糊集合理

论的方法进行处理。

根据传统集合论的观点,若元素隶属于某集合,则逻辑值为 1,否则逻辑值为 0,元素与集合间是明确的隶属关系。而模糊集合理论则针对某些实际问题对传统集合论中有关明确隶属关系的思想进行了扩展,即元素与集合间的隶属关系不再只能取逻辑值 1 或 0,而是可在区间[0,1]内连续取值,此时选取的逻辑值是元素隶属于某集合程度大小的表征。

定义 3.1 设论域 X 上的模糊集 $\underset{\sim}{A}$ 完全由隶属度函数 $\mu_{\underset{\sim}{A}}(x)$ 进行表征,其中 $\mu_{\underset{\sim}{A}}(x)$ 可在闭区间[0,1]内任意取值,$\mu_{\underset{\sim}{A}}(x)$ 的值反映了 X 中元素 x 对 $\underset{\sim}{A}$ 的隶属程度。

由定义 3.1 可知,模糊集合 $\underset{\sim}{A}$ 是由其隶属度函数 $\mu_{\underset{\sim}{A}}(x)$ 反映的。论域 X 中的任意 x 均对应存在唯一的隶属度函数 $\mu_{\underset{\sim}{A}}(x)\in[0,1]$,$\mu_{\underset{\sim}{A}}(x)$ 可看作 X 到[0,1]的一个映射,其唯一得到了模糊集合 $\underset{\sim}{A}$。$\mu_{\underset{\sim}{A}}(x)$ 的值越大,则 x 对于 $\underset{\sim}{A}$ 的隶属度越高;$\mu_{\underset{\sim}{A}}(x)$ 的值越小,则 x 对于 $\underset{\sim}{A}$ 的隶属度越低。

对于贮存状态下的导弹,其所有性能特征参数的集合可表示为论域 X,良好状态、较好状态、堪用状态、拟故障状态等级可分别表示为模糊集 $\underset{\sim}{A}_i(i=1,2,3,4)$,则对于导弹任一性能特征参数,都可利用隶属度函数 $\mu_{\underset{\sim}{A}}(x)$ 来表示其与良好状态、较好状态、堪用状态、拟故障状态等级间的隶属关系。

3.4.3 隶属度函数的确定

模糊集合完全由隶属度函数进行表征,隶属度函数在模糊集合理论的实际应用中有着至关重要的作用,因而如何合理确定隶属度函数就显得尤为重要。考虑到模糊集的研究对象通常具有一定的不确定性和主观性,因而无法设计一种通用型的隶属度计算方法。隶属度函数本质上是对事物逐渐变化规律的一种体现,其在建立过程中通常应满足以下几项基本原则:

① 隶属度函数表征的模糊集合一定为凸模糊集合,即隶属度函数要具有单峰性;

② 变量所对应的隶属度函数往往具有对称性和均衡性;

③ 隶属度函数要在满足既定语义要求的基础上尽量防止不合理的交叉;

④ 论域中任一变量都应隶属于某个隶属度函数的映射区域,且通常应不多于两个隶属度函数的映射区域;

⑤ 不会存在两个或多个隶属度函数对同一变量同时达到最大隶属度。

目前常用的几种隶属度函数计算公式如表 3-1 所列。一般情况下,若隶属度函数曲线的形状较为平缓,则其稳定性较好,分辨率较为一般;若隶属度函数曲线的形状凸起明显,则其控制灵敏度较高,稳定性一般。考虑到岭形分布隶属度函数主值区间宽、过渡带较为平缓,可较好地表现出导弹各状态等级间的模糊关系,因而可选择岭形分布隶属度函数来计算性能特征参数对应各状态等级的隶属度。

表 3 - 1　常用的隶属度函数

隶属度函数	计算公式
岭形分布	$\mu(x) = \begin{cases} 0 & x \leqslant -b \\ \dfrac{1}{2} + \dfrac{1}{2}\sin\left[\dfrac{\pi}{b-a}\left(x - \dfrac{a+b}{2}\right)\right] & -b < x \leqslant -a \\ 1 & -a < x \leqslant a \\ \dfrac{1}{2} - \dfrac{1}{2}\sin\left[\dfrac{\pi}{b-a}\left(x - \dfrac{a+b}{2}\right)\right] & a < x \leqslant b \\ 0 & x > b \end{cases}$
尖 Γ 分布	$\mu(x) = \begin{cases} \mathrm{e}^{ax} & x < 0 \\ \mathrm{e}^{-ax} & x > 0 \end{cases}$
柯西分布	$\mu(x) = \dfrac{1}{1 + ax^2}$
梯形分布	$\mu(x) = \begin{cases} 0 & x \leqslant -b \\ \dfrac{b+x}{b-a} & -b < x \leqslant -a \\ 1 & -a < x \leqslant a \\ \dfrac{b-x}{b-a} & a < x \leqslant b \\ 0 & x > b \end{cases}$
正态分布	$\mu(x) = \mathrm{e}^{-ax^2}$

3.4.4　性能特征参数的状态隶属度

由于性能特征参数的归一化值可以较好地反映性能特征参数的当前状态,因而可将性能特征参数的归一化值作为模糊变量来计算性能特征参数的状态隶属度。表 3 - 1 中的岭形隶属度函数在反映各性能特征参数相对于各状态等级的模糊隶属关系时过于粗糙,无法表现性能特征参数相对于每个状态等级的隶属度且难以描述各状态等级间的相关性。针对该问题,本章在深入分析研究目前常用的各种隶属度函数的基础上,根据贮存状态下导弹状态实际退化状况以及相关专家的经验,并结合导弹状态的等级划分方式,对传统岭形隶属度函数进行了改进,改进后的岭形隶属度函数可对应各性能特征参数在各状态等级上构建模糊模型,且相邻两个状态等级间的模糊过渡区域可利用该模型进行量化表示。本章设计的导弹性能特征参数改进岭形隶属度函数如图 3 - 3 所示。

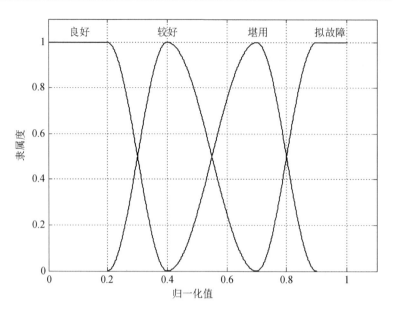

图 3 - 3 性能特征参数的改进岭形隶属度函数

由图 3 - 3 所示的改进后的岭形隶属度函数可知,大部分性能特征参数隶属于两种不同的状态等级,也就是说性能特征参数以不同的隶属度隶属于这两种状态等级中的任意一种,且任一性能特征参数的所有状态隶属度相加等于1。性能特征参数对应于各状态等级的隶属度函数如下:

$$\mu_1(\lambda_i) = \begin{cases} 1 & \lambda_i \leqslant 0.2 \\ \dfrac{1}{2} - \dfrac{1}{2}\sin\dfrac{\pi}{0.2}(\lambda_i - 0.3) & 0.2 < \lambda_i \leqslant 0.4 \\ 0 & \lambda_i > 0.4 \end{cases} \tag{3-2}$$

$$\mu_2(\lambda_i) = \begin{cases} 0 & \lambda_i \leqslant 0.2 \\ \dfrac{1}{2} + \dfrac{1}{2}\sin\dfrac{\pi}{0.2}(\lambda_i - 0.3) & 0.2 < \lambda_i \leqslant 0.4 \\ \dfrac{1}{2} - \dfrac{1}{2}\sin\dfrac{\pi}{0.3}(\lambda_i - 0.55) & 0.4 < \lambda_i \leqslant 0.7 \\ 0 & \lambda_i > 0.7 \end{cases} \tag{3-3}$$

$$\mu_3(\lambda_i) = \begin{cases} 0 & \lambda_i \leqslant 0.4 \\ \dfrac{1}{2} + \dfrac{1}{2}\sin\dfrac{\pi}{0.3}(\lambda_i - 0.55) & 0.4 < \lambda_i \leqslant 0.7 \\ \dfrac{1}{2} - \dfrac{1}{2}\sin\dfrac{\pi}{0.2}(\lambda_i - 0.8) & 0.7 < \lambda_i \leqslant 0.9 \\ 0 & \lambda_i > 0.9 \end{cases} \tag{3-4}$$

$$\mu_4(\lambda_i) = \begin{cases} 0 & \lambda_i \leqslant 0.7 \\ \dfrac{1}{2} + \dfrac{1}{2}\sin\dfrac{\pi}{0.2}(\lambda_i - 0.8) & 0.7 < \lambda_i \leqslant 0.9 \\ 1 & \lambda_i > 0.9 \end{cases} \qquad (3-5)$$

式中，$\mu_1(\lambda_i)$、$\mu_2(\lambda_i)$、$\mu_3(\lambda_i)$、$\mu_4(\lambda_i)$分别为第 i 个性能特征参数的归一化值λ_i 隶属于良好状态、较好状态、堪用状态、拟故障状态的隶属度函数，相应的模糊关系矩阵可表示为

$$\mathbf{R} = \begin{bmatrix} \mu_1(\lambda_1) & \mu_2(\lambda_1) & \mu_3(\lambda_1) & \mu_4(\lambda_1) \\ \mu_1(\lambda_2) & \mu_2(\lambda_2) & \mu_3(\lambda_2) & \mu_4(\lambda_2) \\ \vdots & \vdots & \vdots & \vdots \\ \mu_1(\lambda_n) & \mu_2(\lambda_n) & \mu_3(\lambda_n) & \mu_4(\lambda_n) \end{bmatrix} \qquad (3-6)$$

该矩阵为导弹的 n 个性能特征参数的归一化值隶属于状态空间（良好状态、较好状态、堪用状态、拟故障状态）的隶属度矩阵。

3.5　性能特征参数权重的确定

权重是评估过程中不可或缺的重要信息，是否能客观科学地确定各性能特征参数的权重对导弹评估结果的合理性与有效性有着至关重要的影响。性能特征参数的权重反映了各性能特征参数间的相对重要程度，其确定过程即为尽量发掘导弹状态评估时具有的主、客观信息的过程。目前较为常用的权重确定方法大致可分为主观赋权法、客观赋权法以及组合赋权法。

3.5.1　客观赋权法的比较分析

主观赋权法可对决策者的经验、偏好和认识进行有效反映，其评估结果通常符合人们的直观感觉。然而由于主观赋权法中权重的确定主要取决于决策者的经验认识和偏好判断，因此该方法主观性较强，可靠性略差。客观赋权法可根据一定的客观标准，采用适当的数学模型科学确定出各评估指标的相关权重，其具有较强的客观性和可复现性。考虑到性能特征参数的归一化值是对性能特征参数状态的直观反映，归一化值越大表明性能特征参数距离标准值越远，其状态越恶化，因而本章考虑基于性能特征参数的归一化值，采用客观赋权法对性能特征参数的权重进行确定。目前常用的客观赋权法主要有标准差法、离差最大化法、熵权法和 CRITIC 法（Criteria Importance Through Intercriteria Correlation，CRITIC）。下面对这几种常用的客观赋权法分别进行对比分析。

（1）标准差法

标准差可有效表征数据偏离均值程度的大小。若指标 i 在各评估对象间的标准

差越大,则该指标的变异程度越明显,蕴含的信息量越充足,在评估时的地位越重要,其分配得到的权重也应越多;否则,其分配的权重应越小。采用标准差客观赋权法得到的第 i 个指标的权重计算公式可表示为

$$w_i = \frac{\sigma_i}{\sum\limits_{k=1}^{n} \sigma_k} \qquad (3-7)$$

式中, $\sigma_i = \sqrt{\sum\limits_{j=1}^{m}(\lambda_{ij} - \bar{\lambda}_i)^2 / (m-1)}$ 表示指标 i 在各评估对象间的标准差; n 为评估指标的个数; m 为评估对象的数量; λ_{ij} 为在第 i 个指标下的第 j 个评估对象的归一化值; $\bar{\lambda}_i = \sum\limits_{j=1}^{m} \lambda_{ij} / m$ 表示指标 i 在各评估对象间的均值。

(2)离差最大化法

离差最大化法的基本原理为:若指标 i 对各评估对象的差异程度不明显甚至无差异,则分配给指标 i 较小的权重甚至不分配权重;若指标 i 对各评估对象具有明显差异,则表明指标 i 在评估时提供的信息量较大,其应分配得到更多的权重,采用离差最大化法对指标权重进行确定可看作求解式(3-8)中的最优化问题。

$$\max F(\tau) = \sum_{i=1}^{n} \sum_{j=1}^{m} \sum_{k=1}^{m} |\lambda_{ij} - \lambda_{ik}| \tau_i$$
$$\text{s.t } \tau_i \geqslant 0, \quad \sum_{i=1}^{n} \tau_i^2 = 1 \qquad (3-8)$$

引入拉格朗日函数对该模型进行求解,可得最优解 τ_i^*,则第 i 个指标的权重计算公式可表示为

$$w_i = \frac{\tau_i^*}{\sum\limits_{i=1}^{n} \tau_i^*} = \frac{\sum\limits_{j=1}^{m} \sum\limits_{k=1}^{m} |\lambda_{ij} - \lambda_{ik}|}{\sum\limits_{i=1}^{n} \sum\limits_{j=1}^{m} \sum\limits_{k=1}^{m} |\lambda_{ij} - \lambda_{ik}|} \qquad (3-9)$$

(3)熵权法

熵的概念来源于热力学,后被 Shannon 应用于解决信息论的相关问题,目前已广泛应用于社会经济、工程技术等领域。通常,若指标 i 的信息熵 E_i 越小,则表明其归一化值的变异程度越明显,蕴含的信息量越充足,在评估时的地位越重要,其分配得到的权重也应越多;否则,其分配得到的权重应越小。 E_i 的计算公式可表示为

$$E_i = -\frac{1}{\ln m} \sum_{j=1}^{m} p_{ij} \ln p_{ij} \qquad (3-10)$$

式中, $p_{ij} = \lambda_{ij} / \sum\limits_{j=1}^{m} \lambda_{ij}$,若 $p_{ij} = 0$,则可令 $p_{ij} \ln p_{ij} = 0$。采用熵权法得到的第 i 个指

标的权重计算公式可表示为

$$w_i = \frac{1 - E_i}{n - \sum\limits_{i=1}^{n} E_i} \tag{3-11}$$

（4）CRITIC 法

CRITIC 客观赋权法最早是由 Diakoulaki 提出的，其在确定各指标权重时重点考虑了指标的变异程度与各指标间的冲突程度。与标准差客观赋权法类似，CRITIC 法同样采用标准差来反映不同评估对象间指标值的差异大小，标准差越大，其对应的指标变异程度越大。同时，CRITIC 法还根据各指标间的相关性对某指标与其余指标的冲突程度进行了描述，若某指标与其余指标间的冲突程度越大，则该指标与其余指标所反映的信息量的差异性越明显，其得到的权重应越多；若某指标与其余指标间的冲突程度越小，则该指标与其余指标所反映的信息量越相似，其得到的权重应越小。对指标 i 与其余指标的冲突程度进行量化处理，可得指标 i 的冲突量化表达式：

$$c_i = \sum\limits_{j=1}^{n} (1 - r_{ij}) \tag{3-12}$$

式中，r_{ij} 为指标 i 与 j 的相关系数，根据 Pearson 设计的积矩相关计算方法可得其表达式：

$$r_{ij} = \frac{\sum\limits_{k=1}^{m} (\lambda_{ik} - \bar{\lambda}_i)(\lambda_{jk} - \bar{\lambda}_j)}{\sqrt{\sum\limits_{k=1}^{m} (\lambda_{ik} - \bar{\lambda}_i)^2} \cdot \sqrt{\sum\limits_{k=1}^{m} (\lambda_{jk} - \bar{\lambda}_j)^2}} \tag{3-13}$$

式中，λ_{ik}、λ_{jk} 分别为在第 i 个指标和第 j 个指标下的第 k 个评估对象的归一化值；$\bar{\lambda}_i$、$\bar{\lambda}_j$ 分别表示指标 i 和 j 的均值。

CRITIC 法中各指标的权重是在综合考虑变异程度和冲突程度这两个影响因素的基础上得到的。设 C_i 为指标 i 所提供的信息量，则其表达式为

$$C_i = \sigma_i c_i \tag{3-14}$$

C_i 越大，指标 i 所提供的信息量越大，在评估过程中的作用就越重要，故指标 i 的权重 w_i 可表示为

$$w_i = \frac{C_i}{\sum\limits_{i=1}^{n} C_i} \tag{3-15}$$

通过对以上 4 种常用客观赋权法的分析可知，标准差法、离差最大化法和熵权法的原理较为相似，其在确定权重时的主要依据均为指标变异程度的大小；而 CRITIC 法在考虑指标变异程度对权重分配影响的基础上，还对各指标间的冲突程度进行了

描述,因而 CRITIC 法在确定指标客观权重时相对于标准差法、离差最大化法和熵权法通常会取得更好的结果。罗赟骞、王昆、余后强等对上述几种客观赋权算法进行了实例分析比较,结果也表明 CRITIC 客观赋权法的效果更好。在实际应用中,通常使用各性能特征参数作为评估指标对导弹进行状态评估。由于各性能特征参数之间往往存在着不同程度的冲突,因此本章采用 CRITIC 法对导弹各性能特征参数进行客观赋权。

3.5.2　基于变权思想的性能特征参数权重确定

导弹在实际贮存过程中,其状态往往随着某几项性能特征参数状态的严重退化而迅速下降,因而在对导弹进行状态评估时,应特别重视状态较差的性能特征参数,也就是说性能特征参数的状态越差,其分配得到的权重应越多。因此,本章在采用 CRITIC 法对各性能特征参数进行客观赋权的基础上,引入变权思想,其核心思想为在对某些实际问题进行状态评估过程中,即便是不太重要的因素,若其值过大或过小,则会对评估结果的正确性造成不利影响。本章设计的变权公式为

$$w_i = \frac{w_i^{(0)}(1-\lambda_i)^{\alpha-1}}{\sum\limits_{i=1}^{n} w_i^{(0)}(1-\lambda_i)^{\alpha-1}} \qquad \lambda_i \neq 1 \qquad (3-16)$$

式中,w_i 为第 i 个性能特征参数的变权权重;$w_i^{(0)}$ 为采用 CRITIC 法进行客观赋权得到的第 i 个性能特征参数的客观常权权重;α 为变权系数。

通常,如果不太考虑各指标间的"均衡"问题,则可取 $\alpha \geq 0.5$;如果无法接受某几项性能特征参数状态的严重恶化,则可取 $\alpha < 0.5$;如果 $\alpha = 1$,此时变权模式等同于常权模式。对于导弹状态评估而言,由于某几项性能特征参数的严重退化将影响到整个导弹的状态,因而可取 $\alpha = 0.1$。

由式(3-16)可知,若某性能特征参数的归一化值越大,则该性能特征参数分配得到的权重越多;若某性能特征参数的归一化值等于 1,则表明该性能特征参数已达到规定的上阈值或下阈值,可令该性能特征参数的权重等于 1,其余性能特征参数的权重等于 0,此时可依据该性能特征参数的状态直接确定导弹的状态,这与事实相符。

3.6　基于改进证据理论的导弹多参数融合

考虑到导弹的状态是由全部性能特征参数的状态共同反映的,因而在得到各性能特征参数的状态隶属度并确定其权重系数后,需要对全部性能特征参数的状态进行融合处理,以得到导弹的最终状态等级。

3.6.1　D-S证据理论

证据理论最早是由美国学者 A. P. Dempster 提出的,随后由其学生 Shafer 进行了补充和完善,因而证据理论也被称为 Dempster - Shafer 证据理论,简称 D-S 证据理论。D-S 证据理论通过对部分事件的概率进行限制来构造信任函数,并选用信任函数替代概率作为度量,避免了某些难以获得的概率的计算,在处理不确定信息方面具有明显的优势,其在信息融合、目标识别和决策分析等领域已得到了广泛应用。由于导弹的良好、较好、堪用、拟故障状态等级间具有明显的不确定性,因而可考虑采用 D-S 证据理论对导弹各性能特征参数的状态进行融合处理,以得到其最终状态等级。

在评估问题中,若 U 为全部评估结果 X 的论域集合,且 U 所含全部元素均无交集,则可称 U 是 X 的识别框架。在对测试结果正常的导弹进行状态评估过程中,其识别框架可表示为 $U=\{$良好、较好、堪用、拟故障$\}$,对该评估问题的任一结果均可看作 U 的一个子集。

定义 3.2　设 U 为识别框架,若函数 $m:2^{U}\rightarrow[0,1]$(2^{U} 为 U 的全部子集)满足:

① $m(\phi)=0$;

② $\displaystyle\sum_{A\subset U}m(A)=1$;

则称 $m(A)$ 是 A 的基本概率赋值(Basic Probability Assignment,BPA)。

定义 3.3　设 U 为识别框架,$m:2^{U}\rightarrow[0,1]$ 是 U 上的 BPA,定义函数 $\mathrm{BEL}:2^{U}\rightarrow[0,1]$

$$\mathrm{BEL}(A)=\sum_{B\subset A}m(B)\quad\forall A\subset U \tag{3-17}$$

则称 BEL 为 U 上的信任函数。易知,$\mathrm{BEL}(\phi)=0$,$\mathrm{BEL}(U)=1$。

定义 3.4　对于 $\forall A\subset U$,若 $m(A)>0$,则 A 为 BEL 的焦元,全体焦元的并也被称为核。

由定义 3.2 和定义 3.4 可知,测试结果正常的导弹的各状态等级可组成识别框架 $U=\{$良好、较好、堪用、拟故障$\}$,且依据导弹性能特征参数的改进岭形隶属度函数得到的性能特征参数隶属于良好、较好、堪用、拟故障状态的隶属度符合 BPA 函数的定义,所以导弹任一性能特征参数隶属于良好、较好、堪用、拟故障状态的隶属度即可看作相应的 BPA。

证据合成公式是 D-S 证据理论的重点,其对不同证据源的信息进行合成处理,可得到更为合理、可信的证据信息,Dempster 提出的合成公式可表示如下。设 BEL_{1} 和 BEL_{2} 为 U 上的两个信任函数,m_{1} 和 m_{2} 表示相应的 BPA,焦元分别为 $B_{1},\cdots,B_{k}$ 和 $C_{1},\cdots,C_{r}$,则有

$$m(A) = \begin{cases} \dfrac{\displaystyle\sum_{\substack{i,j \\ B_i \cap C_j = A}} m_1(B_i)m_2(C_j)}{1-K} & \forall A \subset U \quad A \neq \phi \\ 0 & A = \phi \end{cases} \qquad (3-18)$$

式中,$K = \displaystyle\sum_{\substack{i,j \\ B_i \cap C_j = \phi}} m_1(B_i)m_2(C_j) < 1$ 为冲突系数,其表征两证据间冲突程度的大小,K 值越大,说明证据间的冲突越强。当 $K=1$ 时,表明 m_1 与 m_2 矛盾,此时无法利用 Dempster 合成公式进行合成。式(3-18)也可表示为 $m(A) = m_1 \oplus m_2$,则多个证据间的合成可记为 $m_1 \oplus m_2 \oplus \cdots \oplus m_n$,其合成过程可根据两两证据间的合成结果依次递推得到。

3.6.2　D-S证据理论存在的问题及现有改进方法分析

　　D-S证据理论应用于导弹各性能特征参数的状态融合时,主要存在两方面的不足:一是在利用 D-S 证据理论融合导弹各性能特征参数时,D-S 证据理论认为各性能特征参数提供的证据源在融合过程中是同等重要的。实际上,随着某几项性能特征参数状态的严重退化,导弹的综合状态也迅速降低,即个别状态较差的性能特征参数在很大程度上影响了导弹的综合状态。因此,在融合过程中由各性能特征参数提供的证据源的重要程度应有区别。二是当证据间存在严重冲突时,Dempster 合成公式得到的融合结果极有可能与实际情况相矛盾。在对各性能特征参数的状态进行融合的过程中,若导弹某几项性能特征参数的归一化值偏离标准值的程度过大,即其状态严重退化,而其他性能特征参数的归一化值都在标准值附近,即大部分性能特征参数均处于良好状态时,往往会造成证据间的严重冲突,此时 Dempster 合成公式不再适用。

　　由于 Dempster 提出的证据合成公式存在一定的局限性,即当证据间存在高度冲突甚至完全冲突时,Dempster 合成公式会失效并得出有悖于常理的结果,因而目前对 D-S 证据理论的改进主要集中于对证据合成方法,即对 Dempster 合成公式的改进,这些改进方法普遍认为冲突悖论是由于冲突焦元间冲突信息处理不当导致的,据此设计的改进方法主要有:Yager 针对 Dempster 合成公式的不足,提出一个新的证据合成公式,他认为冲突带来的完全是不确定性,将冲突全部分配给了识别框架。Yager 合成方法消除了 Dempster 合成方法可能带来的错误结果,但该合成方法同样存在着缺陷,即在证据合成过程中,往往会因不确定信息过多而无法得到确切的融合结果。孙权等对 Yager 合成方法进行了改进,认为证据间的冲突是部分可用的,在此基础上引入了证据可信度的概念,并提出了一种新的合成公式。Smet 通过将冲突分配给空集建立了可传递置信模型,其在克服证据间的高冲突问题上取得了良好效果。另外,叶清、郭华伟、韩东、梁昌勇、陈一雷和其他学者也根据各自观点对合成公式进行了不同程度的优化改进。目前,对于证据源的改进较为经典的主要有 Murphy 方法、Horiuchi 方法以及其他一些改进方法。

针对传统 D-S 证据理论在融合导弹各性能特征参数时存在的不足,本章在分析总结目前国内外对证据理论改进方法的基础上,综合考虑证据源修正与合成公式的改进,设计了一种基于参数变权权重与局部冲突优化的新的证据合成方法:利用性能特征参数的变权权重对证据源进行修正,并对冲突信息进行处理,将冲突在引起冲突的焦元之间进行局部分配。新的证据合成方法区分了证据源间的相对重要程度,对状态较差的性能特征参数所提供的证据源赋予了更多的权重,避免了融合时少部分状态退化严重的性能特征参数被大部分状态良好的性能特征参数所覆盖的现象,并能很好地处理高度冲突证据的融合问题。

3.6.3　基于参数变权权重的证据源修正

证据理论认为所有证据源在融合过程中是同等重要的,实际上,导弹的状态受某几项状态退化严重的性能特征参数的影响很大,各性能特征参数提供的证据源在融合过程中的重要程度是存在差异的,因而在证据融合过程中赋予状态退化严重的性能特征参数所提供的证据源更多的权重就显得十分必要。

设导弹有 n 个性能特征参数,即在融合过程中存在 n 个证据源。令第 $i(i=1,\cdots,n)$ 个性能特征参数的变权权重为 w_i,由前述分析可知,性能特征参数的状态越差,其对应的 w_i 值越大,w_i 反映了在融合过程中由性能特征参数所确定的证据源的重要程度,因此可根据性能特征参数的变权权重对证据源进行修正,具体方法如下。

① 利用前述设计的方法求解各性能特征参数的 BPA,并根据性能特征参数的变权权重确定证据源的权重向量:

$$w = (w_1, w_2, \cdots, w_n) \tag{3-19}$$

② 设 $w_{max}=\max(w_1,w_2,\cdots,w_n)$,可得相对权重向量 $w^* = (w_1,w_2,\cdots,w_n)/w_{max}$,根据 w^* 可计算出各证据 BPA 的折算系数 $\alpha_i = \dfrac{w_i}{w_{max}}, i=1,2,\cdots,n$。利用折算系数对各性能特征参数的 BPA 进行修正,修正后的 BPA 为

$$m_i^*(A_k) = \alpha_i m_i(A_k) \tag{3-20}$$

式中,$k=1,2,\cdots,d_i$,d_i 为第 i 个证据确定的非 U 焦元的个数。修正后的 $m_i^*(A_k)$ 之和不为1,无法满足定义 3.2 中的条件②。为此,须补充定义:

$$m_i^*(U) = 1 - \sum_{i=1}^{d_i} m_i^*(A_k) \tag{3-21}$$

则式(3-20)与式(3-21)定义的函数即可构成一个新的 BPA 函数。

3.6.4　基于冲突焦元权重的局部冲突优化

证据理论的核心是证据合成公式,通过上一小节对现有改进证据合成公式的分析可以看出,其改进的重点在于如何处理冲突重新分配的问题,即冲突应按照何种比例重新分配给哪些子集。目前关于冲突信息的处理方法可大致分为全局分配法与局部分配法两种。全局分配法的基本思想是将全局冲突在所有命题间分配,其典型代表是由 Lefevre 设计的统一信度函数分配方法,具体可表示为

$$m(A) = \sum_{\substack{B \cap C = A \\ B,C \subseteq U}} m_1(B)m_2(C)\cdots + \delta K \qquad (3-22)$$

式中,K 表示冲突概率;δ 表示相应的权重且 $\sum_{A \in U} \delta = 1$。对于全局分配法而言,其将冲突分配给了所有焦元,权重的确定没有可靠的理论依据,这就导致了分配的精度不够理想。

局部分配法的基本思想是首先细化全局冲突使之成为局部冲突后,再将局部冲突分配给引起冲突的焦元,即

$$m(A) = \sum_{\substack{B \cap C = A \\ B,C \subseteq U}} m_1(B)m_2(C) + c(A) \qquad (3-23)$$

式中,$c(A) = \sum_{\substack{X,Y,A \subset U \\ X \cap Y = \phi \\ X \cup Y = A}} \delta^* [m_1(X)m_2(Y)]$ 表示局部冲突;δ^* 表示分配系数。将局部冲突分配给引起冲突的相关焦元可有效提高分配的精度,其权重可基于引起冲突的焦元的 BPA 确定。

冲突的分配空间应局限于产生冲突的焦元所组成的空间,而与冲突程度的大小无关。为对证据间的冲突分配问题进行有效处理,可在细化全局冲突为局部冲突的基础上,根据焦元 BPA 值的大小将局部冲突在引起冲突的焦元之间进行合理分配。如果某一焦元的 BPA 值较大,那么在分配冲突时将会得到更多的份额。例如,对于局部冲突 $K^* = \sum_{\substack{X,Y,A \subset U \\ X \cap Y = \phi \\ X \cup Y = A}} m_1(X)m_2(Y)$,分配给 X 的权重可表示为

$$\delta_X^* = m_1(X)/[m_1(X) + m_2(Y)]$$

分配给 Y 的权重可表示为

$$\delta_Y^* = m_2(Y)/[m_1(X) + m_2(Y)]$$

3.6.5　新的证据合成公式

在融合导弹各性能特征参数状态的过程中,每个性能特征参数对应各状态等级的状态隶属度均可当作一个独立的原始证据源。利用性能特征参数的变权权重

对原始证据源进行修正,得到修正的证据源后,基于冲突完全可用的局部分配思想仅将冲突信息分配给引起冲突的焦元,即可得到本章设计的新的证据合成公式:

$$m(\phi) = 0$$

$$m(A) = \sum_{\substack{i,j \\ B_i \cap C_j = A}} m_1^*(B_i) m_2^*(C_j) + c(A) \quad (A \neq \phi, U)$$

$$c(A) = \sum_{\substack{i,j \\ B_i \cap C_j = \phi \\ B_i \cup C_j = A}} \delta^* \left[m_1^*(B_i) m_2^*(C_j) \right] \quad (3-24)$$

$$\delta_{B_i}^* = \frac{m_1^*(B_i)}{m_1^*(B_i) + m_2^*(C_j)}, \quad \delta_{C_j}^* = \frac{m_2^*(C_j)}{m_1^*(B_i) + m_2^*(C_j)}$$

$$m(U) = 1 - \sum_{A \subset U} m(A)$$

式(3-24)为导弹两证据间的合成公式,多个证据间的合成可根据两两证据间的合成结果依次递推得到。

本章设计的新的证据合成公式不仅充分考虑了各性能特征参数在融合过程中提供的证据源重要程度的差异性,而且基于冲突完全可用思想,将局部冲突完全分配给了引起冲突的焦元,进而对冲突证据进行了处理。该合成公式得到的结果合理,计算简便并具有较快的收敛速度,符合导弹状态评估的实际需求。

3.7　导弹状态等级决策及评估模型的验证

3.7.1　状态等级决策

利用本章设计的新的证据合成方法对测试结果正常的导弹全部性能特征参数的状态进行融合后,即可确定导弹状态的 BPA。为得到导弹所处的最终状态等级,还须采取适当的方法进行状态等级决策分析。本章采用基于 BPA 的决策方法来确定导弹的最终状态等级。设 U 为导弹状态评估过程中的识别框架,m 为融合后得到的导弹状态的 BPA,$\exists A_1, A_2 \subset U$ 为测试结果正常的导弹的两个状态等级,且满足:

$$m(A_1) = \max\{m(A_i), A_i \subset U\} \quad (3-25)$$

$$m(A_2) = \max\{m(A_i), A_i \subset U \text{ 且 } A_i \neq A_1\} \quad (3-26)$$

对于给定的门限 $\varepsilon_1, \varepsilon_2$,如果

$$\begin{cases} m(A_1) - m(A_2) > \varepsilon_1 \\ m(U) < \varepsilon_2 \\ m(A_1) > m(U) \end{cases} \quad (3-27)$$

成立,则认为导弹的状态等级为 A_1 的概率要远大于 A_2,即导弹的最终状态等级可判断为 A_1。门限 $\varepsilon_1,\varepsilon_2$ 的取值是由实际评估问题确定的,通常可取为 0.01。

3.7.2 评估模型的验证

利用本章设计的导弹状态评估模型对导弹进行状态评估,得到其最终状态等级之后,可利用纵向对比法和横向对比法对本章设计的状态评估模型分别进行验证。

纵向对比法的基本思想是根据导弹历年测试信息对导弹历年测试时的状态进行评估。如果导弹在贮存过程中未进行任何维修,那么导弹的状态应是逐步退化的,即若评估模型正确,则导弹在历年测试时其状态应越来越差。

横向对比法需要利用整批导弹的状态信息。由于本章设计的导弹状态评估模型是针对单个导弹考虑的,因而为得到整批导弹的状态信息,可根据抽样的方法,从贮存状态下的整批导弹中随机抽取 n 个导弹作为样品,进而基于样品的状态评估结果对整批导弹所处的状态进行推断。设抽样得到的 n 个导弹经本章设计的状态评估模型评估后分别隶属于良好、较好、堪用、拟故障和故障状态的个数为 $n_1,n_2,n_3,$ $n_4,n_5\left(\sum_{i=1}^{5}n_i=n\right)$,则由此可推断出整批导弹隶属于良好、较好、堪用、拟故障和故障状态的概率为 $\frac{n_i}{n}\times100\%(i=1,2,\cdots,5)$。对该批导弹进行多次随机抽样,并基于状态评估结果推断整批导弹的状态隶属概率。若评估模型合理,则通过多次随机抽样确定的整批导弹的状态隶属概率应基本一致。

横向对比法的具体实施步骤可概括为:首先根据抽样的方法,从贮存状态下整批导弹中随机抽取一定数量的导弹作为样品;其次,利用本章设计的导弹状态评估模型对这些样品分别进行状态评估,并根据评估结果推断出整批导弹隶属于良好、较好、堪用、拟故障和故障状态等级的概率;再次,对该批导弹再进行一次随机抽样,并利用相同的评估模型对选取的样品分别进行状态评估以得到该批导弹的状态隶属概率;最后,对两次随机抽样的评估结果进行比较分析,若根据两次评估结果推断得到的整批导弹的状态隶属概率基本一致,则认为本章建立的导弹状态评估模型是合理可信的。

3.8 案例分析

以某单位贮存状态下某导弹为研究对象。该导弹采用定期检测的方式,每年测试一次,其测试信息从 2014 年开始记录到 2022 年,在此期间该导弹未进行任何维修,2022 年测试时该导弹状态正常。为确定该导弹目前的状态退化等级,可应用本章设计的导弹状态评估模型对 2022 年测试时该导弹的状态进行评估,并分别采用纵向对比法和横向对比法来验证评估模型的合理性。

考虑到导弹性能特征参数众多,这里仅给出导弹较易发生故障的 4 个性能特征参数 v_1、v_2、v_3、v_4 的状态评估过程,对于其余性能特征参数,可采用相同的方法进行状态评估。

3.8.1　性能特征参数的评估

2022 年某导弹性能特征参数 v_1、v_2、v_3、v_4 测试时的原始测试数据如表 3 - 2 所列。

表 3 - 2　2022 年测试时的原始测试数据

性能特征参数	实测值	标准值	上阈值	下阈值
v_1	4.03	4.20	5.00	3.40
v_2	9.64	11.50	14.50	8.50
v_3	37.52	36.70	40.20	33.20
v_4	0.63	0.50	0.90	0.10

将表 3 - 2 中的数据代入式(3 - 1),分别求得性能特征参数 v_1、v_2、v_3、v_4 的归一化值后,将得到的结果代入式(3 - 2)～式(3 - 5)即可确定这 4 个性能特征参数分别隶属于良好、较好、堪用、拟故障状态等级的隶属度,并可根据式(3 - 16)得到性能特征参数 v_1、v_2、v_3、v_4 的变权权重,结果如表 3 - 3 所列。

表 3 - 3　状态等级隶属度及相应的变权权重

性能特征参数	归一化值	状态等级隶属度				变权权重
		良好	较好	堪用	拟故障	
v_1	0.212 5	0.990 4	0.009 6	0	0	0.027 4
v_2	0.620 0	0	0.165 4	0.834 6	0	0.134 8
v_3	0.234 3	0.929 2	0.070 8	0	0	0.029 6
v_4	0.325 0	0.308 7	0.691 3	0	0	0.118 7

3.8.2　多参数融合

对于测试结果正常的导弹,状态评估的识别框架可表示为 $U = \{$良好、较好、堪用、拟故障$\}$。将性能特征参数隶属于良好、较好、堪用、拟故障状态等级的隶属度作为原始证据源,并根据性能特征参数的变权权重对其修正,其中性能特征参数 v_2 的权重系数最大,即 $w_{max} = 0.134\ 8$,由此可得 4 个性能特征参数的折算系数分别为 0.203 3、1、0.219 6、0.880 6,将折算系数代入式(3 - 20)和式(3 - 21),即可得到修正后的 4 个性能特征参数 BPA,如表 3 - 4 所列。

为验证本章设计的改进证据理论合成方法的有效性,采用 Dempster 合成公式、Yager 合成公式、孙权合成公式以及本章设计的改进合成公式分别融合表 3-3 中未进行证据源修正的数据与表 3-4 中的数据,以确定导弹的 BPA,融合结果分别如表 3-5 与表 3-6 所列。

表 3-4　修正后性能特征参数的 BPA

BPA	状态等级隶属度				U
	良好	较好	堪用	拟故障	
m_{v1}	0.201 3	0.002 0	0	0	0.796 7
m_{v2}	0	0.165 4	0.834 6	0	0
m_{v3}	0.204 1	0.015 5	0	0	0.780 4
m_{v4}	0.271 8	0.608 8	0	0	0.119 4

由表 3-5 可以看出,由于证据间存在高度冲突及 Dempster 合成公式自身存在的"0"信度悖论问题,Dempster 合成公式只会选择识别框架中 BPA 均不为 0 的状态作为最终的融合结果,其得出的结论有悖于人们的直观感觉;Yager 合成公式由于将冲突完全赋给了未知项,从而导致最终无法得出确定的融合结果;孙权合成公式在一定程度上处理了冲突问题,然而其对于冲突的处理过于保守,使得决策者无法根据融合结果做出相应的决策;本章设计的改进合成公式可以较好地处理冲突问题,然而由于状态退化较为严重的性能特征参数 v_2 被其余状态较好的性能特征参数所覆盖,其得出的融合结果经相应决策后为良好状态;而实际上,由于性能特征参数 v_2 状态的严重退化,导弹的真实状态可能已经较差,即表 3-5 中各合成公式的融合结果均与实际情况不相符。

表 3-5　未修正证据源的各合成公式融合结果

合成公式	融合参数	状态等级隶属度				U
		良好	较好	堪用	拟故障	
D-S 合成公式	v_1、v_2	0	1	0	0	0
	v_1、v_2、v_3	0	1	0	0	0
	v_1、v_2、v_3、v_4	0	1	0	0	0
Yager 合成公式	v_1、v_2	0	0.001 6	0	0	0.998 4
	v_1、v_2、v_3	0	0.000 1	0	0	0.999 9
	v_1、v_2、v_3、v_4	0	0.000 1	0	0	0.999 9
孙权 合成公式	v_1、v_2	0.182 2	0.033 8	0.153 5	0	0.630 5
	v_1、v_2、v_3	0.321 4	0.041 3	0.139 6	0	0.497 7
	v_1、v_2、v_3、v_4	0.271 9	0.114 5	0.101 8	0	0.511 8
本章改进 合成公式	v_1、v_2	0.588 9	0.025 2	0.385 9	0	0
	v_1、v_2、v_3	0.860 6	0.011 1	0.128 3	0	0
	v_1、v_2、v_3、v_4	0.626 9	0.347 6	0.025 5	0	0

表 3-6　证据源修正后的各合成公式融合结果

合成公式	融合参数	状态等级隶属度				U
		良好	较好	堪用	拟故障	
D-S 合成公式	v_1、v_2	0	0.165 7	0.834 3	0	0
	v_1、v_2、v_3	0	0.168 4	0.831 6	0	0
	v_1、v_2、v_3、v_4	0	0.552 6	0.447 4	0	0
Yager 合成公式	v_1、v_2	0	0.132 1	0.664 9	0	0.203 0
	v_1、v_2、v_3	0.041 4	0.108 3	0.518 9	0	0.331 4
	v_1、v_2、v_3、v_4	0.106 3	0.280 5	0.062 0	0	0.551 2
孙权 合成公式	v_1、v_2	0.016 7	0.146 0	0.734 1	0	0.103 2
	v_1、v_2、v_3	0.054 9	0.130 6	0.630 9	0	0.183 6
	v_1、v_2、v_3、v_4	0.126 0	0.280 9	0.362 6	0	0.230 5
本章改进 合成公式	v_1、v_2	0.050 9	0.147 2	0.801 9	0	0
	v_1、v_2、v_3	0.101 4	0.130 1	0.768 5	0	0
	v_1、v_2、v_3、v_4	0.127 0	0.365 9	0.507 1	0	0

由表 3-6 可以看出，通过对证据源进行修正，提高了状态较差的性能特征参数对最终融合结果的影响，并在一定程度上缓解了各证据间的冲突程度，但在某些证据间依然存在着较大的冲突，因而在利用 Dempster 合成公式进行参数融合时，其得到的结果依然难以令人满意。Yager 合成公式依然将冲突赋给了未知项，导致无法根据最终融合结果做出相应的决策。本章提出的改进合成公式可以很好地处理未知信息及证据间冲突的分配问题，且在证据源修正的基础上得到的融合结果合理，相对于孙权的合成公式收敛速度更快且计算简便、易于实现。

3.8.3　评估结果分析

对性能特征参数 v_1、v_2、v_3、v_4 的状态进行融合后，可将融合结果与修正后的导弹剩余 114 项性能特征参数的 BPA 依次融合，可得导弹状态的 BPA 为 m（良好）= 0.136 9，m（较好）= 0.326 0，m（堪用）= 0.537 1，m（拟故障）= 0，$m(U)$ = 0。取门限 $\varepsilon_1 = \varepsilon_2 = 0.01$，并将导弹状态的 BPA 代入式（3-25）～式（3-27），则根据 3.7.1 节设计的状态等级决策方法可得该导弹的最终状态等级为堪用状态。

为验证本章设计的导弹状态评估模型的合理性，分别采用纵向对比法与横向对比法进行验证。首先采用纵向对比法对本章设计的评估模型进行验证，根据该导弹的历年测试信息，对其 2014 年至 2021 年测试时的状态进行评估，可得出其评估结果分别为良好、良好、良好、较好、较好、较好、较好、较好。由于该导弹的状态是逐步退化的,因此本章设计的导弹状态评估模型是可行、合理的。

采用横向对比法对评估模型进行验证时,可另外随机抽取 9 枚导弹作为样本,并利用本章设计的状态评估模型分别对其进行状态评估。根据评估结果,其中有 1 枚导弹的高度表 110 m 灵敏度的测试结果超出阈值,因而判定该导弹处于故障状态,有 2 枚导弹处于较好状态,5 枚导弹处于堪用状态,1 枚导弹处于拟故障状态,因此在一定置信度下,可以判断该批导弹属于良好、较好、堪用、拟故障和故障状态等级的概率分别为 0%,20%,60%,10% 和 10%。为验证本章设计的导弹状态评估模型的合理性,可对该批导弹再次抽样,随机抽取 10 枚导弹作为样本,并利用本章设计的状态评估模型分别对其状态进行评估。根据评估结果,其中有 1 枚导弹的磁控管电流的测试结果超出阈值,因而判定该导弹处于故障状态,有 3 枚导弹处于较好状态,5 枚导弹处于堪用状态,1 枚导弹处于拟故障状态,即在某置信度下该批导弹属于良好、较好、堪用、拟故障和故障状态等级的概率分别为 0%,30%,50%,10% 和 10%。通过两次随机抽样推断得到的整批导弹的状态隶属概率基本一致,因而可表明本章设计的导弹状态评估模型是合理可信的。

3.9 本章小结

本章针对目前导弹状态评估存在的问题,将导弹的状态按照实现其特定功能划分为良好状态、较好状态、堪用状态、拟故障状态和故障状态,并在此基础上建立了导弹的状态评估模型及具体的状态评估流程,主要内容如下。

① 对导弹各性能特征参数的状态进行了评估。首先对各性能特征参数进行了归一化处理;其次针对导弹各状态等级间不存在明显的边界区分,仅存在模糊过渡区域的问题,在对比分析常用隶属度函数的基础上,对岭形隶属度函数进行了改进,改进后的隶属度函数可对应各性能特征参数在各状态等级上构建模糊模型;最后利用性能特征参数的归一化值及改进岭形隶属度函数得到了各性能特征参数的状态隶属度与相关模糊关系矩阵。

② 确定了各性能特征参数的变权权重。针对导弹状态受某几项状态较差的性能特征参数影响较大的问题,通过对比分析常用的客观赋权法,在采用 CRITIC 法对各性能特征参数进行客观赋权的基础上,引入了变权思想,并设计了变权计算公式,突出了状态较差的性能特征参数在状态评估过程的影响。

③ 设计了一种新的证据合成方法。针对利用传统 D-S 证据理论在融合导弹各性能特征参数时存在的问题,在分析现有国内外改进方法的基础上,采用性能特征

参数的变权权重对原始证据源进行了修正,并基于全局冲突应在引起冲突的焦元之间进行局部分配的思想对证据理论进行了改进。新的证据合成方法不仅避免了融合时某几项状态退化严重的性能特征参数被其余大部分状态良好的性能特征参数所覆盖的现象,而且能很好地处理高度冲突证据的融合问题。

④ 通过案例分析,并与其他合成方法进行对比,结果验证了本章设计的新的证据合成方法的有效性及导弹评估模型的合理性。

第4章　基于贝叶斯网络的导弹状态评估

4.1　引　言

贮存状态下导弹的状态受到诸如环境应力、管理接口等许多因素共同影响,这些影响因素通常无法准确地定量表示,导弹的状态主要是通过性能测试数据来反映的。因此,在忽略相关误差的前提下,可以采用性能测试数据来定量评估导弹当前的状态。

目前对导弹的状态进行评估大多采用传统的"是非制"评估方法,将状态简单地划分为"正常"和"故障"两种状态。当所有测试参数均未超出要求的阈值范围时,则认为导弹"正常";只要有测试参数超出阈值范围,就判定导弹"故障"。那么,"正常"的导弹中就会存在状态非常好和状态接近故障的两种极端情况。若在制定维修保障方案时不加以区分,则容易造成"无病医治"和"有病不治"的问题,即对状态非常好的导弹维修过剩,造成维修人力物力资源浪费;而对状态接近故障的导弹维修不足,则会影响作战效能的发挥。若在挑选导弹进行战备值班时不区别对待,一旦发生紧急情况,挑选状态接近故障的导弹值班则可能造成严重的后果。显然,这种粗略的状态划分方法不能满足导弹状态评估的需要。

考虑到传统状态划分方法的局限性,本章根据导弹测试参数的特性,对状态等级进行了重新划分,建立了基于 DS 证据理论/层次分析法(DS Evidence Theory/Analytic Hierarchy Process,DS/AHP)的条件概率赋值多参数融合的贝叶斯网络,实现了导弹状态的定量评估。

4.2　导弹状态定量评估流程

首先,按照测试参数有无标准值确定导弹性能测试参数的状态等级;然后,构造贝叶斯网络拓扑结构,结合 DS/AHP 方法构造条件概率分布表(Conditional Probability Table,CPT);最后,根据建立的贝叶斯网络,融合各个子单元的测试参数,通过贝叶斯推理逐层向上得到各个模块直至整个系统的状态等级。导弹状态定量评估流程如图 4 - 1 所示。

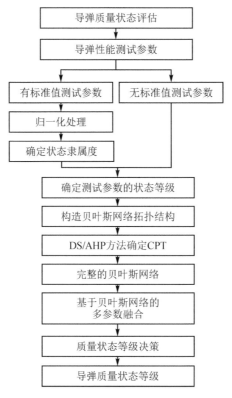

图 4-1　导弹状态定量评估流程图

4.3　状态等级的划分

4.3.1　导弹状态等级划分

传统"是非制"的状态划分方法过于粗略,不能满足导弹状态评估的需要,因此需要将其进一步细化。状态等级数量过多时,操作人员难以根据划分标准判断导弹的具体状态情况以及制定相应的维修策略。因此本章根据现有划分方法并结合部队实际情况,将导弹的状态等级划分列于表 4-1。

表 4-1　导弹状态等级划分

等级划分	含　义
优	各个性能测试参数的测试数据均靠近理想值,远离理想范围边缘,性能优越
良	各个性能测试参数的测试数据均在理想范围之内,部分在理想值附近区域波动,性能良好
中	各个性能测试参数的测试数据均靠近甚至达到理想范围边缘,性能一般
差	部分性能测试参数的测试数据在理想范围之内,另一部分测试数据在理想范围之外,性能较差

4.3.2 导弹测试参数状态等级划分

导弹的状态通过测试参数来体现,因此还需要划分测试参数的状态等级,按照测试参数有无标准值对其状态进行划分。

(1)有标准值的测试参数

类比导弹的分级标准,划分有标准值的测试参数的状态等级,见表 4 - 2。

表 4 - 2　有标准值的测试参数的状态等级划分

等级划分	含　义
优	性能测试参数的测试数据靠近理想值,远离理想范围边缘,性能优越
良	性能测试参数的测试数据在理想范围内,并且在理想值与理想范围边缘之间,性能较好
中	性能测试参数的测试数据靠近甚至达到理想范围边缘,性能一般
差	性能测试参数的测试数据在理想范围外,性能较差

(2)无标准值的测试参数

① 测试结果为数据的参数:将其划分为"好""一般""差"3 个状态等级。"好"指的是测试数据在规定的范围内,远离范围边缘,性能优越;"一般"指的是测试数据虽然处于规定的范围内,但是接近范围边缘,性能一般;"差"指的是测试数据在规定的范围外,性能较差。

② 测试结果为"正常"和"异常"的参数:将其划分为"合格"和"不合格"2 个状态等级。"合格"指的是测试结果达标,性能优越;"不合格"则是测试结果不达标,性能较差。

4.4　导弹测试参数状态等级的确定

4.4.1 有标准值测试参数

由于导弹的测试参数包含方位角度、电压值、电流值、功率值等多种类型,各个测试参数的量纲和阈值往往不同。因此为了方便下一步贝叶斯网络推理,按下式对各个测试参数进行归一化处理。

$$\lambda_i = \begin{cases} \dfrac{x_i - x_s}{x_u - x_s} & x_s < x_i < x_u \\[2mm] \dfrac{x_i - x_s}{x_1 - x_s} & x_1 < x_i < x_s \end{cases} \qquad (4-1)$$

式中,x_i 为第 i 个测试参数的实测值;x_s 为标准值;x_u 和 x_1 分别为上、下阈值。由式(4-1)不难看出,当 λ_i 趋近于 0 时,实测值趋于标准值,测试参数处于最佳状态;当 λ_i 趋近于 1 时,实测值趋于阈值,对应最差状态。

特别地,当 $x_i \leqslant x_1$ 或者 $x_i \geqslant x_u$ 时,实测值超过了阈值。目前大多数文献认为只要测试参数超过阈值就直接认定该状态为最差状态,但是考虑到虚警等实际情况的影响,本章认为其状态等级为"优"(0%)、"良"(0%)、"中"(1%)、"差"(99%)。同理,当 $x_i = x_s$ 时,认为其状态等级为"优"(99%)、"良"(1%)、"中"(0%)、"差"(0%)。

由于表 4-1 和表 4-2 中的状态等级之间界线比较模糊,因此采用隶属度函数表征测试参数与状态之间的关系。综合考虑稳定性和分辨率因素,常常采用的是岭形分布隶属度函数(b、a 分别为上、下限值),其表达式为

$$\mu(\lambda_i)=\begin{cases} 0 & x \leqslant -b \\ \dfrac{1}{2}+\dfrac{1}{2}\sin\dfrac{\pi}{b-a}\left(x-\dfrac{a+b}{2}\right) & -b < x \leqslant -a \\ 1 & -a < x \leqslant a \\ \dfrac{1}{2}-\dfrac{1}{2}\sin\dfrac{\pi}{b-a}\left(x-\dfrac{a+b}{2}\right) & a < x \leqslant b \\ 0 & x > b \end{cases} \quad (4-2)$$

显然,式(4-2)中的隶属度函数划分相对比较粗糙,应用在上述 4 个状态等级中十分受限,并且无法表达相邻状态等级之间的相关性。因此,本节结合导弹的实际退化情况和领域专家经验知识对传统岭形分布隶属度函数进行了改进。改进后的隶属度函数如图 4-2 所示。

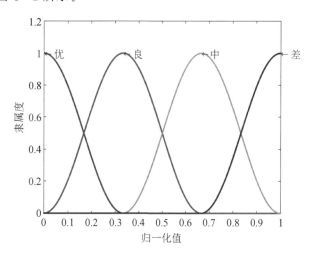

图 4-2　改进后的隶属度函数

第 i 个测试参数的归一化值 λ_i 隶属于"优""良""中""差"4 个状态等级的隶属度

函数 $\mu_1(\lambda_i)$、$\mu_2(\lambda_i)$、$\mu_3(\lambda_i)$、$\mu_4(\lambda_i)$ 分别如下：

$$\mu_1(\lambda_i) = \begin{cases} \dfrac{1}{2} - \dfrac{1}{2}\sin 3\pi\left(\lambda_i - \dfrac{1}{6}\right) & 0 < \lambda_i \leqslant \dfrac{1}{3} \\ \\ 0 & \dfrac{1}{3} < \lambda_i < 1 \end{cases} \quad (4-3)$$

$$\mu_2(\lambda_i) = \begin{cases} \dfrac{1}{2} + \dfrac{1}{2}\sin 3\pi\left(\lambda_i - \dfrac{1}{6}\right) & 0 < \lambda_i \leqslant \dfrac{1}{3} \\ \\ \dfrac{1}{2} - \dfrac{1}{2}\sin 3\pi\left(\lambda_i - \dfrac{1}{2}\right) & \dfrac{1}{3} < \lambda_i \leqslant \dfrac{2}{3} \\ \\ 0 & \dfrac{2}{3} < \lambda_i < 1 \end{cases} \quad (4-4)$$

$$\mu_3(\lambda_i) = \begin{cases} 0 & 0 < \lambda_i < \dfrac{1}{3} \\ \\ \dfrac{1}{2} + \dfrac{1}{2}\sin 3\pi\left(\lambda_i - \dfrac{1}{2}\right) & \dfrac{1}{3} \leqslant \lambda_i \leqslant \dfrac{2}{3} \\ \\ \dfrac{1}{2} - \dfrac{1}{2}\sin 3\pi\left(\lambda_i - \dfrac{5}{6}\right) & \dfrac{2}{3} < \lambda_i < 1 \end{cases} \quad (4-5)$$

$$\mu_4(\lambda_i) = \begin{cases} 0 & 0 < \lambda_i < \dfrac{2}{3} \\ \\ \dfrac{1}{2} + \dfrac{1}{2}\sin 3\pi\left(\lambda_i - \dfrac{5}{6}\right) & \dfrac{2}{3} \leqslant \lambda_i < 1 \end{cases} \quad (4-6)$$

4.4.2　无标准值测试参数

无标准值的测试参数很难直接确定其隶属于各个状态等级的隶属关系，按照其表现形式可分为模拟量测试参数和开关量测试参数。

（1）模拟量测试参数

模拟测试参数的输出结果为规定阈值范围内外的连续取值，参考现有文献进行归类处理。

1）**存在上下阈值（下阈值不为 0）**

若某测试参数 X_i 的技术条件为 $[p_1, p_2]$，实测值为 x_i，则中位值 $x_m = \dfrac{p_1 + p_2}{2}$，上四分位值 $F_u = \dfrac{x_m + p_2}{2}$，下四分位值 $F_d = \dfrac{x_m + p_1}{2}$。那么，当 $x_i \in [F_d, F_u]$ 时，认为 X_i 的状态等级为"好"（74%）、"一般"（23%）、"差"（3%）；当 $x_i \in [p_1, F_d] \cup (F_u, p_2]$ 时，认为状态等级为"好"（41%）、"一般"（50%）、"差"（9%）；当 $x_i \in (-\infty, p_1) \cup (p_2, +\infty)$ 时，认为状态等级为"好"（3%）、"一般"（23%）、"差"（74%）。

2) 存在上下阈值（下阈值为 0）

若某测试参数 X_i 的技术条件为 $[0, p_2]$，实测值为 x_i，则中位值 $x_m = \dfrac{p_2}{2}$。那么，当 $x_i \in [0, x_m]$ 时，认为 X_i 的状态等级为"好"（74%）、"一般"（23%）、"差"（3%）；当 $x_i \in (x_m, p_2]$ 时，认为状态等级为"好"（41%）、"一般"（50%）、"差"（9%）；当 $x_i \in (-\infty, 0) \bigcup (p_2, +\infty)$ 时，认为状态等级为"好"（3%）、"一般"（23%）、"差"（74%）。

3) 只存在下阈值

若某测试参数 X_i 的技术条件为 $[p_1, +\infty)$，实测值为 x_i，当 $x_i \in [1.5 p_1, +\infty]$ 时，认为 X_i 的状态等级为"好"（74%）、"一般"（23%）、"差"（3%）；当 $x_i \in [p_1, 1.5 p_1)$ 时，认为状态等级为"好"（41%）、"一般"（50%）、"差"（9%）；当 $x_i \in (-\infty, p_1)$ 时，认为状态等级为"好"（3%）、"一般"（23%）、"差"（74%）。

（2）开关量测试参数

开关量测试参数的输出结果通常为"正常"或者"异常"，考虑虚警等情况，当输出为"正常"时，认为其状态等级为"合格"（99%）、"不合格"（1%）；当输出为"异常"时，认为其状态等级为"合格"（1%）、"不合格"（99%）。

4.5　基于贝叶斯网络的导弹多参数融合

确定了导弹各个测试参数的状态等级之后，难点就在于如何融合各个参数的状态以确定整个导弹的状态等级。

4.5.1　贝叶斯网络的建立

贝叶斯网络是一种具有突出概率表达能力、不确定问题处理能力和多源信息融合能力的概率图形化网络。应用贝叶斯网络融合导弹的各个测试参数以确定最终状态的优势体现在：

① 利用贝叶斯网络的不确定信息处理能力和概率表达能力，用节点的概率值表达导弹性能测试参数及整个导弹与各个状态等级的隶属程度；用 CPT 表征各个性能测试参数相互之间的依赖程度。

② 借助贝叶斯网络的多源信息融合能力，将不同类型和量纲的导弹性能测试参数的状态信息进行融合，基于贝叶斯公式推断最终状态。

③ 贝叶斯网络是动态更新的，尽管贝叶斯网络拓扑结构和 CPT 确定，但是当导弹的状态信息发生调整时，网络会相应地随时更新。

④ 贝叶斯网络可以进行正向推理和反向推理，据此可以推断出导弹的敏感参数和关键环节。

基于贝叶斯网络的导弹多参数融合具体步骤如下：

① 构造导弹的贝叶斯网络拓扑结构；

② 构建 CPT；

③ 根据已知的各个根节点的状态(即导弹测试参数的状态等级隶属度)和 CPT，利用贝叶斯网络推理计算出导弹的联合概率分布(即状态等级隶属度)。

4.5.2 贝叶斯网络拓扑结构的构造

本小节根据领域内专家的经验，以某型导弹雷达导引头为例，结合导弹测试实际情况得到测试参数的层次结构模型如图 4-3 所示。

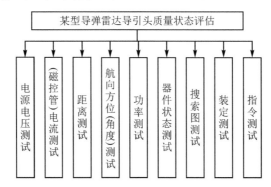

图 4-3 某型导弹雷达导引头状态评估层次结构模型

根据导弹状态评估的层次结构模型，应用 GeNIe2.0 软件构建的贝叶斯网络拓扑结构如图 4-4 所示。图中的 9 个测试子单元均包含多个测试参数，因此它们都不是根节点而是中间节点，可以建立中间节点的小模型，以功率测试为例构建的拓扑结构如图 4-5 所示。

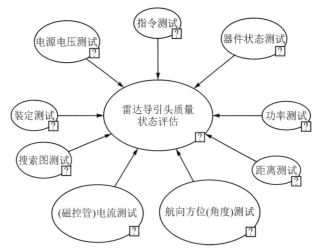

图 4-4 某型导弹状态评估贝叶斯网络拓扑结构

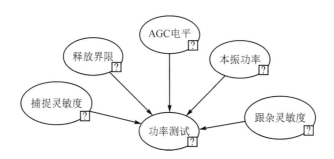

图 4-5　功率测试贝叶斯网络拓扑结构

图 4-4 所示的结构简单明了,但是仍然存在不完善的地方。该拓扑结构中有 1 个子节点,9 个父节点,其条件概率的项数众多,网络更新的计算量呈指数增长的趋势,即便是采用专家咨询打分的方式也会造成很大的计算负担,而且容易导致 NP 难题。为此,结合专家意见将 9 个父节点进行归类:

将电源电压道测试、(磁控管)电流测试和功率测试归类为供电测试模块;将航向方位(角度)测试和距离测试归类为距离方位测试模块;将搜索图测试和装定测试归类为装定搜索图测试模块;将器件状态测试和指令测试归类为状态指令测试模块。这样,2 层结构分解成了如图 4-6 所示的"系统-模块-子单元"3 层结构,降低了数据处理的难度。

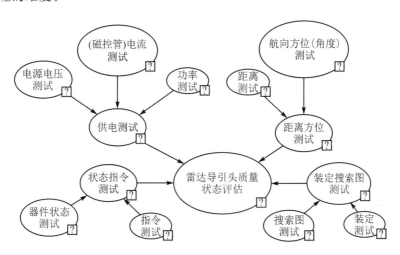

图 4-6　调整后的某型导弹雷达导引头状态评估贝叶斯网络拓扑结构

4.5.3　基于 DS/AHP 的 CPT 构建

确定了拓扑结构和节点状态之后,难点就落在了 CPT 的构建上。目前 CPT 的构建主要有参数学习法和专家咨询法。前者是建立在一定数量的数据基础上的,然而导弹在贮存期间不允许有过多的通电测试,导致测试数据匮乏。此外导弹的贝叶斯网络结构复杂,节点之间往往为非逻辑关系导致参数学习过程烦琐复杂,因此本小节采用咨询专家的方法。

然而不容忽视的是,现有研究大多忽略专家之间的个体差异,导致推理视角不同。个体推断缺乏科学性,整体集成缺乏有效性的约束,专家在长期比较评判过程中使用的计算标准不会每次都一致等都会引发不确定性问题,这些都使得专家咨询方法备受质疑。杜远伟等通过引入 DS 证据理论/层次分析法(DS Evidence Theory/Analytic Hierarchy Process,DS/AHP)对二元状态贝叶斯网络提出了更科学的推理机制,有效改善了上述问题。李志强等基于各个节点状态数量相同的假设深入研究了多状态贝叶斯网络结构的 CPT 确定方法。本小节在其研究基础上设计了节点状态数量不同时,基于 DS/AHP 确定 CPT 的方法。

考虑到专家的个体差异,对专家经验进行表达时,采用 DS 方法对信息进行融合以减少不确定性。

假设邀请了 t 个专家 $e_1,e_2,\cdots,e_t$ 对 N 个事件 $(c_1,c_2,\cdots,c_N)$ 做出识别框架 Θ 的重要性评判。以专家 e_i 对事件 c_j 的推理过程为例,给出确定条件概率表 D_t 的过程:

步骤一:假设 D_t 中共有 L 个需要确定数值的状态 $p_t^i(i=1,2,\cdots,L)$,邀请专家 e_i 对其中熟悉或者有把握的状态 $p_t^i(i=1,2,\cdots,n)$(n 为状态数量,$n<L$)按照其发生的可能性进行归类,对不熟悉的或者缺少把握的状态放弃判断。进而获得 m 个可能性互不相同的互斥状态组合 $\{b_k(q_k)|q_k=1,2,\cdots,m\},k=1,2,\cdots,n$。

步骤二:按照 2~6 标度,对比状态组合 $b_k(q_k)(\forall k)$ 和识别框架 Θ,获得其相对于识别框架发生可能性的推断值 a_{qk}。若 $b_k(q_k)$ 相对于识别框架 Θ 为"极其有可能发生"和"一般可能发生",则 a_{qk} 分别取值 2 和 6,否则按照发生可能性给出介于 2 到 6 之间的整数值。最终得到表 4-3 所列知识矩阵。

表 4-3 专家 e_i 对事件 c_j 的知识矩阵

c_j	$b_k(1)$	$b_k(2)$	$\cdots$	$b_k(m)$	Θ
$b_k(1)$	1	0	$\cdots$	0	$a_1 w_{ij}$
$b_k(2)$	0	1	$\cdots$	0	$a_2 w_{ij}$
$\vdots$	$\vdots$	$\vdots$	$\vdots$	$\vdots$	$\vdots$
$b_k(m)$	0	0	$\cdots$	1	$a_m w_{ij}$
Θ	$\dfrac{1}{a_1 w_{ij}}$	$\dfrac{1}{a_2 w_{ij}}$	$\cdots$	$\dfrac{1}{a_m w_{ij}}$	1

表 4-3 中,"1"和"0"分别表示进行和不进行自身之间比较;w_{ij} 表示专家 e_i 推

理事件 c_j 时的权重。

步骤三:计算知识矩阵的最大特征值 λ_{m+1} 和对应的特征向量 $(x_1, x_2, \cdots, x_m, x_{m+1})$。通过正规化得到状态组合 $b_k(q_k)$ 的信度函数。

$$\lambda_{m+1} = 1 + \sqrt{m} \qquad (4-7)$$

$$x_l = \frac{a_j w_{ij}}{w_{ij} \sum_{i=1}^{m} a_i + \sqrt{m}} \quad l = 1, 2, \cdots, m \qquad (4-8)$$

$$x_{m+1} = \frac{\sqrt{m}}{w_{ij} \sum_{i=1}^{m} a_i + \sqrt{m}} \qquad (4-9)$$

步骤四:按照 Dempster 规则融合信度函数得到 BPA 值。

4.6　评估方法的验证

采用本章设计的方法,融合各个测试参数的状态确定了整个导弹的状态等级后,需要对评估方法进行验证。

纵向对比法的基本思想是对某一个导弹在不同时间节点下的状态进行对比分析。那么,随机抽取贮存状态下的未经历过维修的导弹,分别依据采集到的该导弹的历年测试信息,对其状态进行定量评估。如果本章评估方法是合理、可行的,根据导弹的性能退化规律,将会得到其所处状态呈现逐步退化的趋势。

横向对比法的基本思想是对某一批导弹在相同时间节点下的状态进行对比研究。考虑到本章设计的评估方法适用于单个导弹的状态评估。根据抽样理论,从贮存状态下的整批导弹中随机抽取 n 个,对整批导弹的状态进行统计推断研究。分别采用本章提出的方法对抽取的 n 个导弹在某时间节点下的状态进行定量评估,得到处于"优""良""中""差"状态等级的导弹数量分别为 n_1、n_2、n_3 和 $n_4 \left(\sum_{i=1}^{4} n_i = N \right)$,在某置信度下,可以推断出整批导弹处于 4 个状态的概率分别为 $\frac{n_i}{N} \times 100\%$ $(i=1, 2, 3, 4)$。对该批导弹进行多次随机抽样,分别推断出整批导弹的状态。如果本章评估方法是合理、可行的,那么多次随机抽样所得出的整批导弹隶属于各个状态等级的概率应该基本相符。

4.7　案例分析

为验证本章设计方法的合理性与有效性,现以某型导弹雷达导引头为例开展案例分析。某型号导弹雷达导引头从 2017 年开始至 2022 年经历了 6 年的库房贮存，贮存期间每年进行的定期测试结果表明该导弹均未发生故障。2022 年测试时该导弹仍处于正常状态，为了确定其具体的状态情况，根据采集的性能测试参数的测试数据，采用本章设计的方法对该导弹雷达导引头进行状态的定量评估。

4.7.1 仿真软件简介

贝叶斯网络的仿真分析软件众多，包括 Norsys 公司开发的商用软件 Netica、Nortic 公司研制的 Ergo、Bayesia 公司开发的 BayesiaLab 软件、匹兹堡大学开发的 GeNIe、MATLAB 工具包 Fulbn 和 R 语言工具包 bnlearn 等。最终选择功能强大、高效方便的 GeNIe2.0 软件，其主要特点如下：

① 图形化建模，显示直观，不仅显示网络结构，而且各个节点的参数信息一目了然；操作简单方便，直接拖动图标即可构建网络，单击图标即可修改属性。

② 用户友好的操作界面大方美观，可促进人机交互，其软件界面如图 4 - 7 所示。

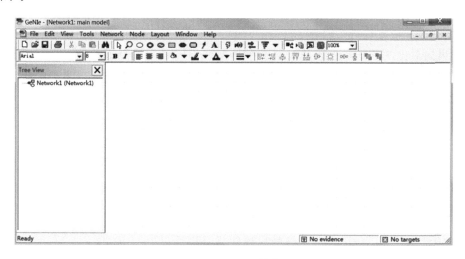

图 4 - 7 GeNIe2.0 软件界面

③ 内置算法类型多样，可以建立任意规模的贝叶斯网络，省去了烦琐的手工计算，适用于各种类型的推理计算。

④ 独特的敏感性分析（Sensitivity Analysis）功能，有助于把握贝叶斯网络中的重要参数和关键环节。

4.7.2 子单元状态

以功率测试子单元为例，用 v_1、v_2、v_3、x_2 和 x_3 分别表示功率测试的 5 个测试参数跟踪灵敏度、捕捉灵敏度、释放界限、AGC 电平和本振功率。

其中,测试参数 v_1 和 v_2 是有标准值的,利用式(4-1)进行归一化处理后,分别代入式(4-3)~式(4-6)计算隶属度,结果如表 4-4 所列。

表 4-4　灵敏度测试参数及隶属度

参　数	实测值/dBm	标准值/dBm	上阈值/dBm	下阈值/dBm	归一化值	状态等级隶属度			
						优	良	中	差
v_1	−71.4	−75	−62	−88	0.276 9	0.069 1	0.930 9	0	0
v_2	−87.1	−93	−85	−101	0.737 5	0	0	0.892 7	0.107 3

由于 v_3、x_2 和 x_3 是无标准值的测试参数,因此根据 4.4.2 小节可得 v_3 的状态等级为"好"(74%)、"一般"(23%)、"差"(3%),x_2 的状态等级为"好"(74%)、"一般"(23%)、"差"(3%),x_3 的状态等级为"好"(74%)、"一般"(23%)、"差"(3%)。

在功率测试的 5 个测试参数中,v_1、v_2 和 v_3 可以归类为灵敏度测试。对应的贝叶斯网络拓扑结构见图 4-8。其中,根节点 V_1、V_2、V_3、X_2 和 X_3 分别表示 5 个测试参数 v_1、v_2、v_3、x_2 和 x_3 的状态等级,中间节点 X_1 表示灵敏度测试的状态等级,节点 P 表示功率测试的状态等级。这里同样将中间节点 X_1 划分为"优""良""中""差"4 个状态等级。

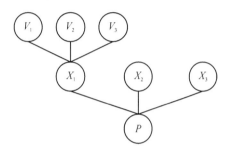

图 4-8　功率测试贝叶斯网络拓扑结构

根据 5 个根节点的状态输入,确定 CPT 后就可以进行整个功率测试 P 的状态等级的评估。

节点 P 处的 CPT 如表 4-5 所列。邀请 5 位专家 e_1,e_2,…,e_5 分别对 36 个事件(c_1,c_2,…,c_{36})做出识别框架 Θ 的重要性评判,5 位专家的权重分别为 0.30、0.10、0.35、0.10、0.15。现以 X_1、X_2 和 X_3 分别处于状态"优""好"和"一般"(事件 c_2)为例,建立节点 P 的知识矩阵,如表 4-6~表 4-10 所列,其余 35 个事件及节点 X_1 处的 CPT 采用相同的方法,不再赘述。

根据式(4-7)~式(4-9)计算出的信度函数如下:

$m_1(优)=0.381\ 8$,$m_1(良)=0.318\ 2$,$m_1(\Theta)=0.300$;

$m_2(良)=0.183\ 0$,$m_2(中)=0.109\ 8$,$m_2(差)=0.073\ 2$,$m_2(\Theta)=0.634\ 0$;

$m_3(\{优,良\})=0.460\ 1$,$m_3(中)=0.230\ 1$,$m_3(\Theta)=0.309\ 8$;

$m_4(优)=0.248\ 5$,$m_4(中)=0.165\ 7$,$m_4(\Theta)=0.585\ 8$;

$m_5(优)=0.234\ 9$,$m_5(良)=0.195\ 7$,$m_5(中)=0.117\ 4$,$m_5(\Theta)=0.452\ 0$。

按照 Dempster 规则融合所获得的信度函数,得到的 BPA 值如表 4-11 所列。

表 4 - 5　节点 P 的 CPT

X_1	X_2	X_3	P 优	良	中	差	X_1	X_2	X_3	P 优	良	中	差
优	好	好					中	好	好				
		一般							一般				
		差							差				
	一般	好						一般	好				
		一般							一般				
		差							差				
	差	好						差	好				
		一般							一般				
		差							差				
良	好	好					差	好	好				
		一般							一般				
		差							差				
	一般	好						一般	好				
		一般							一般				
		差							差				
	差	好						差	好				
		一般							一般				
		差							差				

表 4 - 6　专家 e_1 对事件 c_2 建立的知识矩阵

c_2	优	良	Θ
优	1	0	$6w_{12}$
良	0	1	$5w_{12}$
Θ	$1/(6w_{12})$	$1/(5w_{12})$	1

表 4 - 7　专家 e_2 对事件 c_2 建立的知识矩阵

c_2	良	中	差	Θ
良	1	0	0	$5w_{22}$
中	0	1	0	$3w_{22}$
差	0	0	1	$2w_{22}$
Θ	$1/(5w_{22})$	$1/(3w_{22})$	$1/(2w_{22})$	1

表 4 - 8　专家 e_3 对事件 c_2 建立的知识矩阵

c_2	{优,良}	中	Θ
{优,良}	1	0	$6w_{32}$
中	0	1	$3w_{32}$
Θ	$1/(6w_{32})$	$1/(3w_{32})$	1

表 4 - 9　专家 e_4 对事件 c_2 建立的知识矩阵

c_2	优	中	Θ
优	1	0	$6w_{42}$
中	0	1	$4w_{42}$
Θ	$1/(6w_{42})$	$1/(4w_{42})$	1

表 4 - 10　专家 e_5 对事件 c_2 建立的知识矩阵

c_2	优	良	中	Θ
优	1	0	0	$6w_{52}$
良	0	1	0	$5w_{52}$
中	0	0	1	$3w_{52}$
Θ	$1/(6w_{52})$	$1/(5w_{52})$	$1/(3w_{52})$	1

表 4 - 11　事件 c_2 的 BPA

元　素	BPA
优	0.450 6
良	0.322 5
中	0.106 6
差	0.005 5
{优,良}	0.068 7
Θ	0.046 3

不难算出,节点 P 的状态等级分别为"优""良""中""差"的可能性为 0.484 95、0.356 85、0.106 6 和 0.005 3,不确定度为 0.046 3。重复上述 CPT 的求解步骤,得到节点 X_1 和 P 的 CPT。将 V_1、V_2、V_3、X_2 和 X_3 这 5 个根节点的状态输入到已确定 CPT 的贝叶斯网络中,经过贝叶斯网络推理可以得到整个功率测试 P 的状态等级,在 GeNIe2.0 软件中仿真的结果如图 4 - 9 所示。根据仿真结果可以看出,功率测试处于"优""良""中""差"4 个状态等级的可能性依次为 0.410 7、0.339 0、0.170 4

和 0.079 9。也就是说,功率测试子单元处于"优"状态,并且即将进入"良"状态。

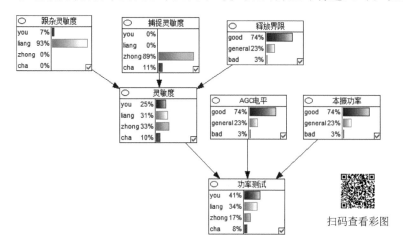

扫码查看彩图

图 4 - 9　功率测试仿真结果

　　类似地,电源电压测试和(磁控管)电流测试的仿真结果如图 4 - 10 和图 4 - 11 所示。

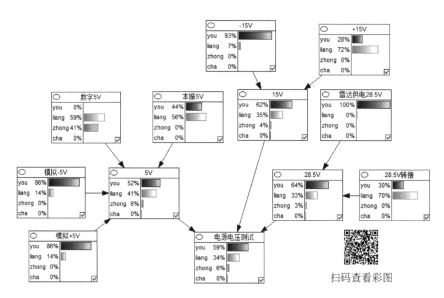

扫码查看彩图

图 4 - 10　电源电压测试仿真结果

　　注意到仿真结果图中导弹处于"优""良""中""差"4 个状态等级的概率分别为 57%、30%、6% 和 6%,总和不等于 100%,这是因为 GeNIe 软件在处理数据时会自动进行四舍五入处理,其确切取值如图 4 - 12 所示,可见软件在处理数据时表现出较好的精度。

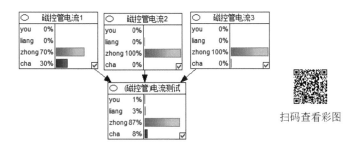

扫码查看彩图

图 4 - 11　（磁控管）电流测试仿真结果

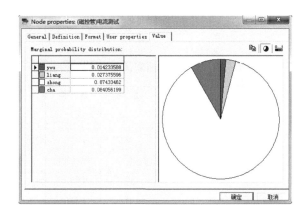

图 4 - 12　（磁控管）电流测试状态确切取值

4.7.3　模块状态

供电测试模块是为了解决 NP 问题,在功率测试、电源电压测试和（磁控管）电流测试子单元的基础建立的,其仿真结果如图 4 - 13 所示。

从仿真结果可知,供电测试模块为"优""良""中""差"的可能性依次为 0.367 3、0.408 3、0.163 8 和 0.060 6,即处于"良"状态。

类似地,距离方位测试、装定搜索图测试和状态指令测试模块的仿真结果分别见图 4 - 14~图 4 - 16,其对应的数值见表 4 - 12~表 4 - 14。

表 4 - 12　距离方位测试模块仿真结果

测试类型	状　态	取　　值
距离测试	优	0.690 0
	良	0.223 6
	中	0.069 1
	差	0.017 3

续表 4-12

测试类型	状 态	取 值
航向方位（角度）测试	优	0.685 7
	良	0.219 7
	中	0.081 4
	差	0.013 2
距离方位测试	优	0.594 3
	良	0.283 7
	中	0.101 9
	差	0.020 1

表 4-13   装定搜索图测试模块仿真结果

测试类型	状 态	取 值
装定测试	优	0.941 0
	良	0.039 4
	中	0.009 8
	差	0.009 8
搜索图测试	优	0.835 7
	良	0.111 3
	中	0.041 6
	差	0.011 4
装定搜索图测试	优	0.898 6
	良	0.070 7
	中	0.020 0
	差	0.010 7

表 4-14   状态指令测试模块仿真结果

测试类型	状 态	取 值
器件状态测试	优	0.823 2
	良	0.144 6
	中	0.016 2
	差	0.016 0
指令测试	优	0.941 0
	良	0.039 4

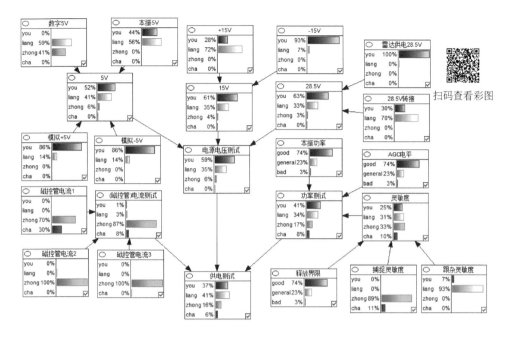

图 4 - 13　供电测试模块仿真结果

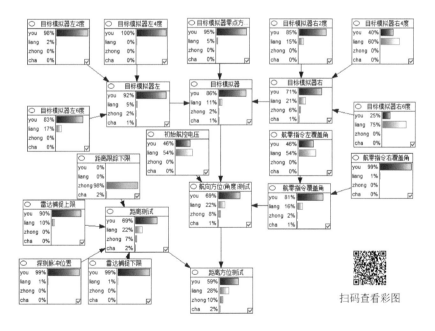

图 4 - 14　距离方位测试模块仿真结果

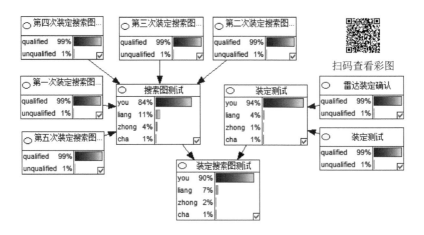

图 4 - 15　装定搜索图测试模块仿真结果

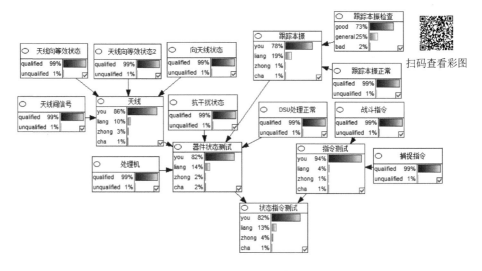

图 4 - 16　状态指令测试模块仿真结果

4.7.4　系统状态

根据图 4 - 6 可知,导弹雷达导引头由供电测试、距离方位测试、装定搜索图测试和状态指令测试 4 个模块组成,每一个模块又由相应的子单元组成。从底层逐层向上融合所有子单元和模块所构建的贝叶斯网络如图 4 - 17 所示,其仿真结果如图 4 - 18 所示。

从仿真结果可以看出,该导弹的状态等级为"优""良""中""差"的可能性依次为 0.596 4、0.294 2、0.080 3 和 0.029 1,即处于"优"状态。

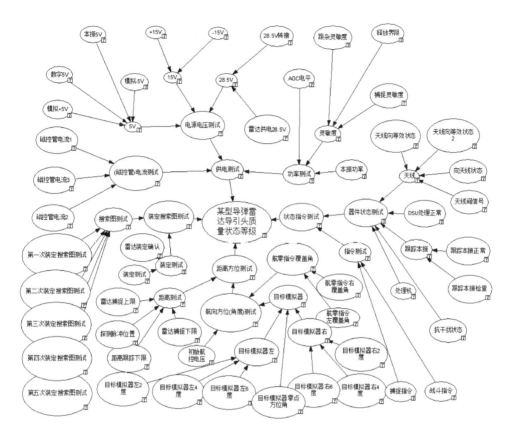

图 4 - 17　某型导弹状态评估贝叶斯网络

4.7.5　敏感性分析与评估结果验证

利用 GeNIe 软件的 Sensitivity Analysis 功能对导弹雷达导引头状态评估系统进行敏感性分析,如图 4 - 19 所示,其中红色节点即为敏感性因素。可以看出,供电测试、距离方位测试、装定搜索图测试和状态指令测试 4 个模块及相应的子单元均为测试的重点。也就是说,对于高精确度要求的导弹而言,供电测试、距离方位测试、装定搜索图测试和状态指令测试是不可或缺的测试项目。也正是这些单元、系统的密切配合,保证了导弹作战效能的充分发挥。

下面验证评估结果。在纵向对比法中,采用本章方法得出某导弹雷达导引头在 2017—2021 年的 5 年间,处于"优"状态等级的概率依次为 0.986 9、0.951 8、0.909 1、0.896 3、0.761 4,呈现递减的趋势,符合导弹的性能退化规律,验证了本章设计评估方法的可行性和合理性。

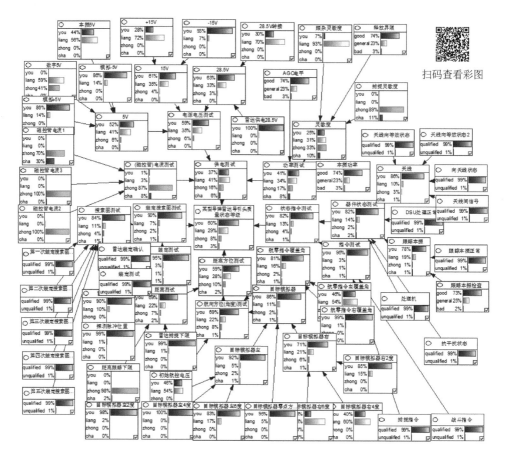

扫码查看彩图

图4-18 导弹评估仿真结果

采用横向对比法进行验证时,分2组各随机抽取10个同一批次的该型号导弹,采用本章方法进行评估,得到评估结果为:第1组中处于"优""良""中""差"的导弹数目分别为7、1、1和1。在某置信度下,可以认为该批导弹分别处于4个状态等级的概率为70%、10%、10%和10%;第2组中相应的数目分别为7、2、1和0。同样在某置信度下,认为该批导弹分别处于4个状态等级的概率为7%、20%、10%和0%。两次随机抽样得到的导弹处于各个状态等级的可能性基本一致,说明本章提出的状态定量评估方法是合理的、可行的。

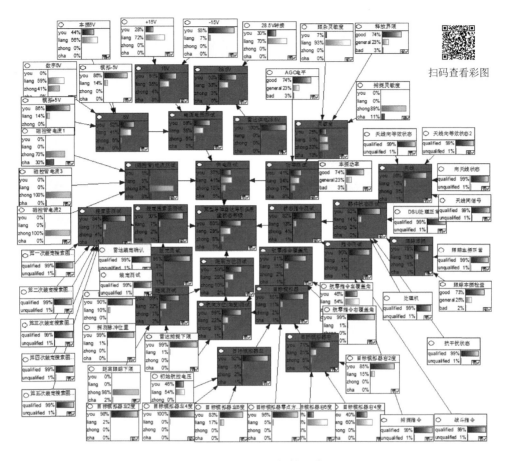

扫码查看彩图

图 4 - 19　导弹状态评估敏感性分析

4.8　本章小结

　　本章针对传统"是非制"导弹状态评估方法的不足,以测试参数为切入点,提出了一个基于贝叶斯网络的导弹状态定量评估方法,结合 DS/AHP 方法实现了条件概率的赋值,建立了多参数融合的贝叶斯网络,显著降低了专家推断过程中的不确定性。主要结论和创新点如下:

　　① 确定测试参数的状态等级时,对是否存在标准值的不同测试参数区别对待,同时充分考虑虚警因素的影响,考虑更加全面,标准更加细化。

　　② 确定测试参数与各个状态等级的隶属度关系时,设定每个测试参数均处于两个不同状态等级的过渡区域,采用改进的岭形分布隶属度函数量化表征其不确定度,克服了传统岭形分布隶属度函数过于粗糙、无法表达相关性的缺陷。

③ 构建贝叶斯网络的 CPT 时,设计了一种基于 DS/AHP 的条件概率赋值方法并应用在节点状态数不同的贝叶斯网络中,突破了 DS/AHP 方法只能应用于节点状态数量相同条件下的约束,拓宽了该方法的应用范围。

④ 以模型导弹雷达导引头的测试数据为基础进行了实例评估,结果表明评估方法的不确定度较低。此外还结合了可视化贝叶斯网络建模软件 GeNIe2.0 进行了仿真分析,借助其敏感性分析功能有助于把握导弹状态评估中的薄弱环节和测试重点。

第 5 章 基于 LDA – KPCA 的导弹状态评估

5.1 引 言

随着海军从近海走向深蓝,舰载导弹的运用和保障场景进一步延伸。机载导弹作为航母作战主要武器,极大影响着航母编队的战斗力。对导弹进行舰上作战值班状态下的状态评估是其可靠性分析和寿命预测的前提,也是完成舰载导弹使用决策的关键。

目前,导弹的状态评估大多采用传统的"是非制"评估方法,将导弹评估为"合格"或"故障"两种状态。这种评估方法的缺点是不能保证"合格"导弹具有较高的任务成功率。同时,导弹在舰上作战值班状态下,受海洋环境高温、高湿、高盐雾的影响,其任务类型、保障条件、技术流程等方面与岸基贮存情况存在较大差异,不能完全套用岸基状态下的评估方法对舰上作战值班状态下的导弹进行状态评估。因此,需要一种具有精细化状态等级分类,且适用于舰上作战值班状态下的导弹状态评估方法。

为了克服"是非制"评估标准的不确定性,有研究采用证据理论、云模型等方法对导弹状态进行了更加细致的划分。各种综合评价方法也被运用到状态评估中,如贝叶斯理论、模糊理论、证据理论、主成分分析法、灰色关联分析法、理想解法等。核主成分分析法(Kernel Principal Component Analysis,KPCA)克服了主成分分析法对非线性数据特征提取困难的问题,线性判别分析(Linear Discrimination Analysis,LDA)能够在有效处理非线性数据的同时,弥补 KPCA 只关注特征方差分析而忽略特征均值性能的问题。本章提出一种基于线性判别核主成分分析-变权综合的导弹状态评估方法,采用线性判别分析对核主成分分析法进行改进,保留对非线性数据信息的最大提取,并计算基础权重;结合变权理论进行权重分析和状态排序,适用于舰上作战值班状态下的导弹状态评估。

5.2 导弹参数体系

5.2.1 导弹状态影响因素分析

导弹的当前状态由贮存时间、贮存环境、使用情况、维修情况、外观结构等因素综合表征。表 5-1 列出了导弹状态的影响因素及其对导弹状态的具体影响。

表 5-1　导弹状态影响因素

影响因素		对导弹的影响
贮存时间		材料结构老化,导弹状态随贮存时间不断衰退
贮存环境	温度	改变强度、刚度、导电性等特性,加速导弹老化
	湿度	加速金属腐蚀、降低绝缘性、促进霉菌生长
	盐雾	加速金属腐蚀、降低绝缘性
	振动、冲击	机械损坏、电路缺陷
维修和使用情况		维修、通电降低导弹状态

导弹的贮存时间可以用导弹的役龄表示。在一定的贮存期限内,随着导弹贮存时间的增长,其本身材料、结构会发生老化变质,导弹状态不断衰退,导致导弹可靠性下降。贮存环境对导弹状态衰退具有加速作用,特别是在具有"高温、高湿、高盐雾、振动"特点的舰载环境下。温度是引起导弹故障的主要因素之一,温度越高,材料的老化速度越快。舰载环境的高湿度容易引起材料腐蚀、霉变、绝缘性降低等问题;在与温度的共同作用下,不断加快材料老化速度。盐雾作为一种电解质会加速金属腐蚀,并影响绝缘性。舰载机的起降和海浪抨击伴随的振动与冲击,会造成结构器件机械损坏或电路短路、断路,也会给导弹状态带来影响。同时,导弹经历的维修程度、通电次数,导弹外观结构等因素,都会给导弹状态带来影响。

5.2.2　参数体系构成

考虑到当前导弹先进涂覆、高强度弹体结构和"修复如新"的维修特性,对其维修情况和外观结构不纳入状态参数体系考量。导弹状态评估主要通过分析导弹测试数据进行展开。导弹测试多采用定期检测的方式,对各组件接口进行加电测试,模拟导弹真实的战斗状态。根据信号输出对导弹子系统与整体性能进行检查,保证导弹的技术状态,同时对导弹进行通电维护。其测试数据可较为全面地表征导弹状态。针对舰载导弹特点,建立由役龄指数、性能指数构成的舰载导弹参数体系。

1. 役龄指数

综合考虑贮存时间和贮存环境,本章中将二者结合为役龄指数,作为服役时间的表征。导弹的服役时间由不同任务剖面的贮存时间、通电时间等指标共同决定。由于不同任务剖面的贮存环境加速影响不同,在进行役龄指数计算时,需要将指标进行折算和融合。

舰载导弹任务剖面分为存放阶段和使用阶段。存放阶段主要经历舱内贮存和舰面值班,使用阶段主要进行导弹的挂飞。根据实际作战需要,不同阶段的任务时间不同,且不同阶段的环境影响存在较大的差异。

舱内贮存时,由于空调、除湿机全天开机,因此弹药舱内的温度、湿度等环境因素的变化较小,甚至优于岸基库房。舱内贮存的主要环境因素影响表现为低频振动。挂飞期间,飞行高度、飞行状态和着舰冲击带来较大的温度、湿度和振动变化。舰面值班时导弹处于海上自然环境之下,其环境因素变化介于舱内贮存与挂飞之间。表 5 - 2 所列为舰载作战值班状态下,不同阶段的服役环境对比。

表 5 - 2　舰载服役环境对比

服役环境	温　度	湿　度	盐雾浓度	振　动
舱内贮存	变化较小	变化较小	很低	较低
舰面值班	自然温度	自然湿度	较高	较高
挂飞	变化较大	变化较大	一般	很高

由于环境差异,导弹不同任务阶段的服役时间不能简单地相加,需要通过环境因子进行折算。鉴于从服役环境方面无法准确确定舱内贮存和舰面值班对导弹寿命的影响,本章按照岸基贮存条件下平均故障时间与舰载服役环境下平均故障时间的比值确定寿命折算系数。为更加准确地反映导弹的役龄情况,要求足够大的样本量和足够长的检测时间。舱内贮存和舰面值班的寿命折算系数分别为

$$K_z = \frac{\mathrm{MTBF}_0}{\mathrm{MTBF}_1} \qquad\qquad (5-1)$$

$$K_b = \frac{\mathrm{MTBF}_0}{\mathrm{MTBF}_2} \qquad\qquad (5-2)$$

式中,MTBF_0 为岸基贮存环境下的寿命或平均故障时间;MTBF_1 和 MTBF_2 分别为舱内贮存和舰面值班两种服役环境下的寿命或平均故障时间。

由于导弹在挂飞状态下的寿命未知,挂飞状态下的寿命折算系数 K_m 可以通过研究挂飞次数和导弹平均故障时间的关系得到,即

$$K_m = \frac{\mathrm{MTBF}_0}{N_{m0}} \qquad\qquad (5-3)$$

式中,N_{m0} 为舰载状态下最大挂飞起落次数。

导弹的测试与维护通过加电测试实现,由于加电测试过程中电源通断、通电时间等电路效应会影响导弹的性能。进行役龄指数分析时,还应考虑导弹测试中通电时间对导弹的影响。通电情况下的寿命折算系数为

$$K_e = \frac{\mathrm{MTBF}_0}{T_{e0}} \qquad\qquad (5-4)$$

式中,K_e 为通电状态下的寿命折算系数;T_{e0} 为舰载状态下的通电寿命。

在得到环境折算因子之后,便可将舰载作战值班下的服役时间折算为岸基环境下服役的时间,其表达式为

$$T = K_z T_z + K_b T_b + K_m N_m + K_e T_e \tag{5-5}$$

式中,T 为岸基环境下的累计服役时间;K_i 为环境 i 下的环境折算因子;T_i 为环境 i 下的累计服役时间;N_m 为实际挂飞起落的次数。

综上,役龄指数 K_t 可表示为

$$K_t = \frac{T}{\mathrm{MTBF}_0} \tag{5-6}$$

2. 性能指数

选取测试项目对应的测试数据为导弹的性能指数。根据前文分析,可将测试数据分为模拟量指标与开关量指标两种。模拟量指标具有容差范围,开关量指标只划分测试项目合格与否。对于模拟量指标,其测试结果偏离标准值的程度越大表明导弹的状态越差。在选取测试参数作为导弹的性能指数过程中,开关量指标只作为导弹故障的判断依据,无法反映导弹的确切状态,因此不纳入性能指数中;将导弹测试流程的所有模拟量指标作为导弹的性能指数。现以某型导弹为例,对其性能指数选取进行分析。

某型导弹采用全弹检测的方式,测试项目包括静态电阻测试、性能参数测试和导引头气密性检查。静态电阻测试用于防止导弹内部信号线之间有非正常的短路或开路现象。性能参数测试是加电测试,检查导弹的主要时序和主要性能参数,是导弹的主要测试项目。导引头气密性检查用以确保导引头舱的气密性,避免发射机在高空开机后发生打火。其性能参数测试流程如图 5-1 所示。

测试过程中,对引战系统和推进系统做合格性检查,即只判断当前时刻该系统是否正常。若检查合格,则其测试参数为 0,若检查故障,则其测试参数为 1。制导控制系统、电源电气系统的测试由专用自动测试设备完成。

选取导弹加高压测试与全时序测试中的模拟量指标为性能指数,与役龄指数共同构成导弹参数体系。其最终的参数体系及合格范围如表 5-3 所列。

3. 参数预处理

为了统一描述模拟量指标的偏离程度,需要对测试数据进行归一化,归一化的过程如下:

$$x_n = \begin{cases} \dfrac{|x_s - x_m|}{\delta} & x_l, x_m < x_u \\ 1 & x_m > x_u \text{ 或 } x_m < x_l \end{cases} \tag{5-7}$$

式中,x_n 为归一化后的测试数据;x_m 为实测值;x_u、x_s、x_l 分别表示该技术指标的最大阈值、标准值、最小阈值;δ 为最大允许误差。在实际测试过程中,大多数测试参数

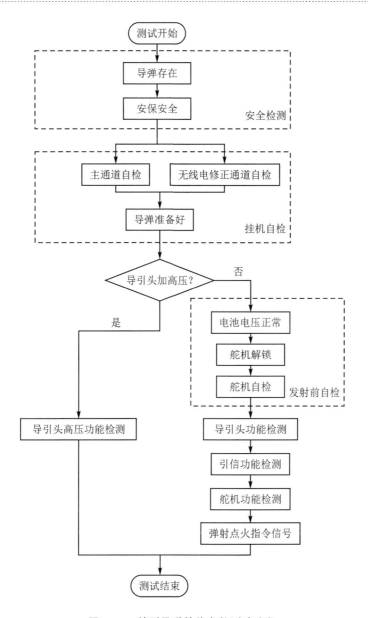

图 5－1　某型导弹性能参数测试流程

只给出参数的合格范围,并未给出技术指标的标准值和最大允许误差,其参数类型为[a,b]型。针对这样类型的数据,采用平均值作为标准值,合格区间长度的二分之一作为最大允许误差,即 $x_s = \dfrac{a+b}{2}$,$\delta = \dfrac{b-a}{2}$,进行归一化处理。役龄指数和性能指数经过归一化后的范围为[0,1],其数值越小,代表的导弹状态越好。

表 5-3　某型导弹参数体系

测试参数	序　号	测试项目	合格范围
性能指数	1	指标 1	0.60～2.90 V
	2	指标 2	0.60～2.90 V
	3	指标 3	2.50～3.50 V
	4	指标 4	0.00～0.70 V
	5	指标 5	0.00～0.70 V
	6	指标 6	88.00～92.00 V
	7	指标 7	0.00～0.70 V
	8	指标 8	0.00～0.70 V
	9	指标 9	88.00～92.00 V
	10	指标 10	1.20～1.60 V
	11	指标 11	1.20～1.60 V
	12	指标 12	1.20～1.60 V
	13	指标 13	1.20～1.60 V
役龄指数	14	指标 14	0～3 a
	15	指标 15	0～1 a
	16	指标 16	0～30 次
	17	指标 17	0～80 h

5.3　等级划分和评估标准

目前采用"是非制"评估方法将导弹简单划分为"合格""故障"两种状态,导弹的退化程度无法得到精确表征。判定为"合格"的导弹中,不同导弹的性能存在差异,即存在随机性和不确定性。这会影响导弹的使用决策和作战性能。而国军标中关于质量状态四等七级的划分方法过度依赖贮存时间和维修情况,对测试数据利用不足,不适用于视情维修模式下的导弹等级划分。因此,需要制定一种更加精细且合理的导弹状态等级划分和评估标准。

5.3.1　等级划分

为了更好地描述导弹状态,综合装备健康管理、实际作战需要及专家意见,以导弹役龄指数和性能指数作为指标,将导弹状态划分为"良好""较好""堪用""拟故障""故障"五个状态等级。状态等级对应的指标特征、导弹性能和使用决策如表 5-4 所列。

表 5 - 4　导弹状态等级划分

导弹状态等级	指标特征	导弹性能	任务决策
良好	导弹各指标接近标准值	各方面性能处于最优状态	长航时舱内贮存或执行远洋作战任务,无需维护
较好	导弹部分指标偏离标准值,其余指标接近标准值	部分方面性能有所下降	中航时舱内贮存或执行近海作战任务,无需维护
堪用	导弹各指标偏离标准值,部分指接近阈值	基本满足使用要求	短航时贮存或立即进行使用,加强监控
拟故障	导弹全部指标接近阈值,部分指标达到阈值	可能存在故障率较高	立即返厂局部维修
故障	导弹部分指标已经超过阈值	不能满足使用要求	立即返厂大修

5.3.2　状态评估标准

　　为根据导弹状态评估值进行状态等级区分,需要制定出不同状态等级的划分标准。根据工程实践经验和专家意见,得出不同状态等级的区间范围。状态等级评估标准如表 5 - 5 所列。

表 5 - 5　导弹状态等级评估标准表

导弹作战值班状态评估范围	导弹作战值班状态评估等级
$[0, 0.25]$	良好
$[0.25, 0.6]$	较好
$[0.6, 0.8]$	堪用
$[0.8, 1]$	拟故障或故障

5.4　基于线性判别核主成分分析-变权
综合的导弹状态评估

　　数据驱动状态评估的关键在于如何有效地利用测试数据对导弹的状态进行正确的分析和评价。研究提出基于线性判别核主成分分析-变权综合结合的状态评估法,通过特征参数提取和权重变换,对舰上值班状态下的导弹状态进行评估。

　　导弹的状态评估是一个非线性多源信息融合问题,需要建立各个评价指标与导弹最终状态之间的非线性关系,运用主成分分析法提取此类问题特征参数的效果不佳。因此,本章提出一种基于线性判别的核主成分分析(Linear Discrimination

Analysis – Kernel Principal Component Analysis,LDA – KPCA)方法。首先,将测试导弹参数与参考导弹参数共同构成系统输入,通过核主成分分析法(KPCA)将原始数据映射到高维特征空间,在高维空间中进行数据的分离和特征提取,解决了低维空间数据线性不可分问题。同时对测试导弹与参考导弹进行排序,初步判定导弹的状态等级。然后,根据核主成分分析法对导弹进行初步分类,运用线性判别法(LDA)实现数据的再次降维,并弥补核主成分分析法只关注样本方差忽略样本均值的问题。通过核主成分分析法和线性判别法结合的方式,既实现了保留数据最大的信息量,又综合考虑了样本方差和均值的影响。接着,依据变权理论,根据数据数值大小进行权重变换,描绘数据数值大小对导弹状态的影响程度。最后,对测试导弹与参考导弹再次进行状态排序,并确定测试导弹的最终状态。具体评估步骤如下:

步骤一:确定参数体系。构成参数体系的元素越丰富,评估的结果越准确。根据前文所述方法,建立导弹参数体系。

步骤二:确定状态评估等级。根据前文所述,导弹的状态被划分为五个等级,分别为"良好""较好""堪用""拟故障"和"故障",对应的区间范围也已经在前文中给出。

步骤三:特征参数提取。由于数据种类多带来较大的运算难度,在尽可能保留最多信息的前提下,对数据进行降维,降低运算难度。研究采取了基于线性判别的核主成分分析法进行特征参数的提取。

步骤四:参数权重的确定。通过线性判别法确定降维后的数据基础权重,采用变权理论根据参数大小进行变权处理。

步骤五:状态排序。根据数据降维和权重计算的结果,将标准导弹与测试导弹进行排序,确定导弹的最终状态等级。

导弹状态评估流程如图 5-2 所示。

5.4.1 核主成分分析法

1. 核主成分分析法原理

核主成分分析法通过非线性映射 $\boldsymbol{\Phi}$,将输入空间的低维数据 $x=(x_1,x_2,\cdots x_n)$ $(\boldsymbol{x}_i=[x_{i1},x_{i2},\cdots,x_{im}]^{\mathrm{T}} \in \mathbf{R}^m, i=1,2,\cdots,n)$ 映射到高维特征空间 Y 中,在高维空间中实现数据的线性可分。其中,n 表示样本数量,m 表示每个样本包含的测试数据数量。

$$\boldsymbol{\Phi}: \begin{cases} \mathbf{R}^m \rightarrow Y \\ x \rightarrow \boldsymbol{\Phi}(x) \end{cases} \qquad (5-8)$$

在高维特征空间中,数据需要满足中心化条件,即

$$\sum_{i=1}^{n} \boldsymbol{\Phi}(x_i) = 0 \qquad (5-9)$$

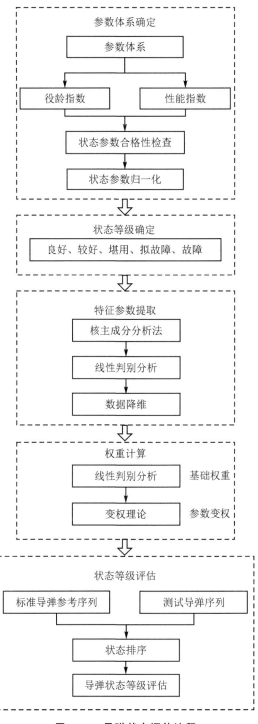

图 5 - 2　导弹状态评估流程

在高维特征空间中的协方差矩阵可表示为

$$C = \frac{1}{n} \sum_{i=1}^{n} \boldsymbol{\Phi}(x_i) \boldsymbol{\Phi}^{\mathrm{T}}(x_i) = \frac{1}{n} \boldsymbol{\Phi}(x) \boldsymbol{\Phi}^{\mathrm{T}}(x) \tag{5-10}$$

需要计算出协方差矩阵 C 的非零特征值 λ 和特征向量 v，两者满足：

$$\lambda v = Cv \tag{5-11}$$

对于任意特征向量 v，都可由高维空间 Y 中样本点 $\boldsymbol{\Phi}(x_i)$ 的线性表出，如下式：

$$v = \sum_{i=1}^{n} \alpha_i \boldsymbol{\Phi}(x_i) = \boldsymbol{\Phi}(x) \alpha \tag{5-12}$$

将式（5-12）代入式（5-11）中，得

$$\lambda \boldsymbol{\Phi}(x) \alpha = \frac{1}{m} \boldsymbol{\Phi}(x) \boldsymbol{\Phi}^{\mathrm{T}}(x) \boldsymbol{\Phi}(x) \alpha \tag{5-13}$$

将式（5-13）两边左乘 $\boldsymbol{\Phi}^{\mathrm{T}}(x)$，得

$$\lambda \boldsymbol{\Phi}^{\mathrm{T}}(x) \boldsymbol{\Phi}(x) \alpha = \frac{1}{m} \boldsymbol{\Phi}^{\mathrm{T}}(x) \boldsymbol{\Phi}(x) \boldsymbol{\Phi}^{\mathrm{T}}(x) \boldsymbol{\Phi}(x) \alpha \tag{5-14}$$

根据 Mercer 条件，存在核函数替换内积运算：

$$K(x_i, x_j) = \boldsymbol{\Phi}^{\mathrm{T}}(x_i) \boldsymbol{\Phi}(x_j) = \boldsymbol{\Phi}(x_i) \cdot \boldsymbol{\Phi}(x_j) \tag{5-15}$$

核函数替换内积运算的方法称为核技巧。常用的核函数有高斯核函数和多项式核函数：

$$K(x_i, x_j) = \exp\left(-\frac{\| x_i - x_j \|^2}{2\sigma^2}\right) = \exp(-\gamma \| x_i - x_j \|^2) \tag{5-16}$$

$$K(x_i, x_j) = (a x_i^{\mathrm{T}} x_j + b)^c \tag{5-17}$$

式中，σ、γ 为高斯核函数的待定系数；a、b、c 为多项式核函数的待定系数。

因此式（5-14）化简为

$$m\lambda \boldsymbol{\alpha} = \boldsymbol{K}\boldsymbol{\alpha} \tag{5-18}$$

式中，$\boldsymbol{K}$ 是一个 $n \times n$ 的核函数矩阵；$\boldsymbol{\alpha}$ 为 K 的特征向量，$\boldsymbol{\alpha}_i = [\alpha_{1i}, \alpha_{2i}, \cdots \alpha_{ni}]^{\mathrm{T}}$。可通过该式求得非零特征值 λ 和特征向量 $\boldsymbol{\alpha}$。

为了保证投影向量为单位向量，即 $v^{\mathrm{T}} v = 1$，根据式（5-12）可以得到

$$\boldsymbol{\alpha}^{\mathrm{T}} \boldsymbol{K} \boldsymbol{\alpha} = 1 \tag{5-19}$$

将式（5-17）带入式（5-16），得

$$\boldsymbol{\alpha}^{\mathrm{T}} \boldsymbol{\alpha} = \frac{1}{m\lambda} \tag{5-20}$$

因此，在计算出特征向量 $\boldsymbol{\alpha}$ 之后，需要按照如下公式进行处理：

$$\boldsymbol{\alpha} = \frac{\boldsymbol{\alpha}}{|\alpha| \sqrt{m\lambda}} \tag{5-21}$$

然后，将特征值从大到小进行排列：$\lambda'_1, \lambda'_2, \cdots, \lambda'_m$，计算累积贡献率 $P = \sum\limits_{i=1}^{p_1} \lambda'_i \Big/$

$\sum_{i=1}^{n} \lambda'_i$。将累计贡献率超出规定值(一般取 0.9)的前 p_1 个特征值所对应的特征向量 $\boldsymbol{\alpha}'_1, \boldsymbol{\alpha}'_2, \cdots, \boldsymbol{\alpha}'_{p_1}$ 组成投影矩阵。

将新样本 $\boldsymbol{\Phi}(x)$ 向特征向量进行投影:

$$y_{jk} = \boldsymbol{\Phi}(x_j)^{\mathrm{T}} v = \sum_{j=1}^{n} \alpha_j^{k'} \boldsymbol{\Phi}(x_j)^{\mathrm{T}} \boldsymbol{\Phi}(x) = \sum_{j=1}^{n} \alpha_j^{k'} K(x_j, x), \quad k = 1, 2, \cdots, p_1$$

$$(5 - 22)$$

由投影得到的元素经过转置构成经过核主成分分析法信息提取后的矩阵 $\boldsymbol{Y}$。

在计算出高维特征空间中的投影矩阵后,需要计算矩阵中的每一个导弹样本的导弹状态,得到导弹的初步状态等级划分。矩阵中每个元素的权重由累计贡献率确定,即

$$Y_i = \sum_{j=1}^{p_1} y_{ij} \rho_j \tag{5 - 23}$$

其中,$\rho_{1j} = \lambda_j \Big/ \sum_{j=1}^{p} \lambda_j$,$Y_i$ 中元素从大到小排列,即可得到导弹的粗糙状态值。

2. 核主成分分析法步骤

通过核主成分分析法提取主成分的步骤如下:

① 由测试数据样本和参考导弹数据构成 $m \times n$ 维矩阵;

② 选择合适的核函数并计算核矩阵;

核主成分分析法通过选择核函数进行数据映射,不同核函数对信息特征提取的效果不同。在核函数中,高斯核函数应用较广,有着较高的抗干扰能力。在本研究中,选取高斯核函数作为核主成分分析法的核函数。

③ 对核函数矩阵进行中心化;

由于特征空间需要满足中心化条件,在实际过程中,$\boldsymbol{\Phi}(x)$ 的算式无法进行显式表达。为满足式(5-9)的中心化条件,对核函数矩阵做如下处理,并代替 $\boldsymbol{K}$ 进行上述的运算:

$$\overline{\boldsymbol{K}} = \boldsymbol{K} - \boldsymbol{K} \cdot \boldsymbol{I}_n - \boldsymbol{I}_n \cdot \boldsymbol{K} + \boldsymbol{I}_n \cdot \boldsymbol{K} \cdot \boldsymbol{I}_n \tag{5 - 24}$$

式中,$\boldsymbol{I}_n$ 为所有元素均为 $1/n$ 的常数矩阵。

④ 计算中心化后矩阵的特征值和特征向量,通过式(5-21)对特征向量进行处理;

⑤ 将特征值从小到大排列,计算累计贡献率(设置累计贡献率大于等于 0.9)。若累计贡献率未达到理想值,则重新对核函数的参数进行设定;

⑥ 选择累计贡献率达到设定值的特征值和对应特征向量,由特征向量构成特征向量矩阵;

⑦ 计算测试样本在高维特征空间中特征向量上的投影;

⑧ 根据原始样本在特征向量上的投影矩阵,计算出导弹的粗糙状态值,将导弹分为不同的状态等级类别。

5.4.2 线性判别分析

线性判别分析是一种有监督学习的降维技术,在进行降维时使用有类别的先验知识。将高维特征空间中的线性数据投影到低维空间中,使投影后同种类别的数据投影点尽可能接近,不同类别数据的投影点中心点尽可能远,使类间均值达到最大,类内方差达到最小。

计算类内散度矩阵 S_ω 和类间散度矩阵 S_b:

$$S_\omega = \sum_{i=1}^{N} \sum_{y_i \in Y} (y_i - \mu_i)(y_i - \mu_i)^{\mathrm{T}} \tag{5-25}$$

$$S_b = \sum_{i=1}^{N} m_i (\mu_i - \mu)(\mu_i - \mu)^{\mathrm{T}} \tag{5-26}$$

式中,Y 为通过核主成分分析法得到的样本投影;N 为样本数据的类别(在本研究中,为良好、较好、堪用、拟故障);μ_i 为第 i 类样本的均值向量;m_i 为第 i 类样本的数目;μ 是所有样本的均值向量。

计算矩阵 $S_\omega^{-1} S_b$ 的特征值 λ_i 和特征向量 η_i,并对特征向量进行单位化。然后将特征值按照从大到小进行排列,确定由累计贡献率最高的特征值对应的特征向量构成的投影矩阵 $W_{\mathrm{LDA}} = [\eta'_1, \eta'_2, \cdots, \eta'_{p_2}]$。将样本值向特征空间进行投影 $Z = W_{\mathrm{LDA}}^{\mathrm{T}} Y$,即是通过 LDA – KPCA 方法提取出来的特征矩阵。

5.4.3 变权综合

1. 基础权重确定

将线性判别分析中特征值贡献率进行归一化处理,归一化处理后的结果作为特征矩阵的基础权重。

$$\omega_i = \frac{\lambda_i}{\sum_{i=1}^{p_2} \lambda_i} \tag{5-27}$$

2. 参数变权

使用常权进行数据融合时,不能明确地反映出劣化程度较大的状态参数对导弹最终状态的影响。因此,本研究采用了变权的思想,对权重按照状态参数的大小进行调整,以提高导弹状态评估的准确性。

变权向量 $\boldsymbol{\omega}_i(x) = (\omega_1(x), \omega_2(x), \cdots, \omega_n(x))$ 满足:

① 归一性:$\sum_{i=1}^{n} \boldsymbol{\omega}_i(x) = 1$;

② 连续性：$\boldsymbol{\omega}_i(x)$ 关于每个变元 x_i 连续；

③ 单调性：$\boldsymbol{\omega}_i(x)$ 关于变元 x_i 具有单调性。

设常权向量为 $\boldsymbol{\omega}=(\omega_1,\omega_2,\cdots,\omega_n)$，状态变权向量为 $\boldsymbol{S}(x)=(S_1(x),S_2(x),\cdots,$ $S_n(x))$，满足

$$\boldsymbol{\omega}_i(x)=\frac{\boldsymbol{\omega}_i\boldsymbol{S}_i(x)}{\boldsymbol{\omega}\boldsymbol{S}(x)} \tag{5-28}$$

变权的核心是状态变权向量的选取，指数型状态变权向量具有参数设置便捷、适用性强等优点，为此，研究构造如下状态变权向量：

$$\boldsymbol{S}(z_k)=\left[e^{\beta(z_1-\bar{z})},e^{\beta(z_2-\bar{z})},\cdots,e^{\beta(z_n-\bar{z})}\right] \tag{5-29}$$

式中，β 为未知参数。研究采取乐观系数决策法进行 β 取值的确定。乐观系数决策在极度乐观与极度悲观之间选择一个合适的值，作为决策的依据。

将指数函数进行泰勒展开：

$$e^{\beta(z_i-\bar{z})}=1+\beta(z_i-\bar{z})+\frac{\left[\beta(z_i-\bar{z})\right]^2}{2!}+\cdots \tag{5-30}$$

忽略高阶因子的影响，权重向量可以表示为

$$\boldsymbol{\omega}_i(x)=\frac{\boldsymbol{\omega}_i\left\{1+\beta(z_i-\bar{z})+\dfrac{\left[\beta(z_i-\bar{z})\right]^2}{2!}\right\}}{\displaystyle\sum_{i=1}^{n}\boldsymbol{\omega}_i\left\{1+\beta(z_i-\bar{z})+\dfrac{\left[\beta(z_i-\bar{z})\right]^2}{2!}\right\}} \tag{5-31}$$

当 $\beta=0$ 时，权重向量与基础权重相等。

当 $\beta\to\infty$ 时，权重向量趋于一个与 β 无关的值：

$$\boldsymbol{\omega}_i(x)=\frac{\boldsymbol{\omega}_i(z_i-\bar{z})^2}{-2\bar{z}\displaystyle\sum_{i=1}^{n}\boldsymbol{\omega}_iz_i+\displaystyle\sum_{i=1}^{n}\boldsymbol{\omega}_iz_i^2+\bar{z}^2} \tag{5-32}$$

在 $(0,\infty)$ 范围内，选取 β 的值构成指数型状态变权向量。

5.4.4　状态等级评估

根据线性判别核主成分分析法的投影矩阵及参数变权后的权重向量，计算出每一个导弹样本状态。

$$\boldsymbol{Z}_i=\sum_{j=1}^{p}z_{ij}\omega_j(x) \tag{5-33}$$

将 $\boldsymbol{Z}_i$ 中元素从大到小排列，以标准导弹作为不同状态的分界，从而得到导弹的状态等级。

5.5　案例分析

为验证本章设计方法的合理性与有效性,现以某型舰载导弹为例展开分析。

5.5.1　仿真数据构建

在 MATLAB 中进行测试数据的仿真。为了处理方便,生成(0,1)区间内的随机数作为性能参数。若役龄指数也通过上述方法进行随机生成,则仿真数据与实际情况存在较大偏差,且进行特征参数提取时不能保证役龄指数信息的最大保留。故采取每个仿真样本测试数据的平均值作为役龄指数,构成由 1 维役龄指数和 13 维性能指数组成的 14 维输入向量。将分别处于良好、较好、堪用和拟故障边界处的导弹测试数据设为 0.25、0.6 和 0.8,作为等级划分的参考序列,并分别标号为导弹 11、导弹 12 和导弹 13。仿真得到的经过归一化的导弹参数如表 5 - 6 所列。

表 5 - 6　归一化后的某型导弹参数

导　弹	指标 1	指标 2	指标 3	指标 4	指标 5	指标 6	指标 7	指标 8	指标 9	指标 10	指标 11	指标 12	指标 13	役龄指数
导弹 1	0.48	0.15	0.32	0.23	0.06	0.59	0.23	0.06	0.6	0.51	0.43	0.41	0.43	0.35
导弹 2	0.61	0.47	0.77	0.63	0.63	0.42	0.63	0.64	0.43	0.12	0.04	0.9	0.57	0.53
导弹 3	0.5	0.34	0.44	0.31	0.32	0.5	0.32	0.33	0.51	0.77	0.94	0.13	0.57	0.46
导弹 4	0.52	0.59	0.25	0.39	0.56	0.19	0.39	0.57	0.29	0.47	0.69	0.21	0.18	0.41
导弹 5	0.46	0.58	0.3	0.43	0.69	0.03	0.57	0.69	0.04	0.3	0.08	0.17	0.56	0.38
导弹 6	0.79	0.93	0.62	0.45	0.72	0.55	0.46	0.73	0.66	0.74	0.83	0.39	0.95	0.68
导弹 7	0.53	0.71	0.98	0.52	0.92	0.65	0.42	0.92	0.65	0.63	0.69	0.95	0.96	0.73
导弹 8	0.41	0.61	0.25	0.67	0.25	0.57	0.68	0.26	0.57	0.48	0.39	0.48	0.53	0.47
导弹 9	0.44	0.27	0.43	0.34	0.21	0.33	0.42	0.27	0.36	0.34	0.31	0.28	0.22	0.32
导弹 10	0.87	0.76	0.86	0.9	0.75	0.82	0.77	0.93	0.52	0.63	0.75	0.86	0.69	0.78
参考弹 1	0.25	0.25	0.25	0.25	0.25	0.25	0.25	0.25	0.25	0.25	0.25	0.25	0.25	0.25
参考弹 2	0.6	0.6	0.6	0.6	0.6	0.6	0.6	0.6	0.6	0.6	0.6	0.6	0.6	0.6
参考弹 3	0.8	0.8	0.8	0.8	0.8	0.8	0.8	0.8	0.8	0.8	0.8	0.8	0.8	0.8

5.5.2　导弹状态评估

采用本章提出的状态评估方法,对表 5 - 6 中仿真数据对应的导弹状态进行评估。首先,采用线性判别核主成分分析法进行特征参数提取。其中,将高斯核函数

中参数 σ 设置为 10，经过核主成分分析后，数据由 14 维降为 7 维，并获得导弹粗糙状态排序；提取线性判别分析后前 2 个主成分，最终将数据降为 2 维。然后，根据线性判别分析中特征值的贡献率作为基础权重（分别为 0.964 6 和 0.035 4）。采用指数型状态变量进行参数变权，取指型型状态变量中位置参数 $\beta = -10$。进行变权后的权重如表 5 - 7 所列。

表 5 - 7　参数变权后的权重

参　数	指标 1	指标 2	指标 3	指标 4	指标 5	指标 6	指标 7	指标 8	指标 9	指标 10	指标 11	指标 12	指标 13
ω_1	0.968	0.964	0.971	0.936	0.917	0.978	0.989	0.940	0.944	0.975	0.941	0.969	0.979
ω_2	0.032	0.036	0.029	0.064	0.083	0.022	0.011	0.060	0.056	0.025	0.059	0.031	0.021

根据投影矩阵和权重向量，计算测试导弹与标准导弹状态值，并进行排序。由标准导弹作为参考，确定导弹的最终状态等级，排序结果如表 5 - 8 所列。

表 5 - 8　导弹状态等级

状态评估方法	导弹状态排序
核主成分分析法	11 9 5 4 1 8 3 2 **12** 6 7 10 13
线性判别核主成分分析法	11 9 5 8 1 4 2 3 **12** 10 6 13 7
线性判别核主成分分析法-变权综合	11 9 5 1 8 4 2 3 **12** 10 6 13 7
役龄指数	11 9 1 5 4 3 8 2 **12** 6 7 10 13

表 5 - 8 中，加粗数字对应导弹为参考导弹，用以指示不同状态等级之间的分界。状态评估的最终结果为：

处于较好状态的导弹有：导弹 9、导弹 5、导弹 1、导弹 8、导弹 4、导弹 2、导弹 3；

处于堪用状态的导弹有：导弹 10、导弹 6；

处于拟故障状态的导弹有：导弹 7。

5.5.3　评估准确度验证

1. 数据降维效果分析

对主成分分析法、核主成分分析法和线性判别-核主成分分析法进行数据降维的效果进行比较分析，见图 5 - 3。

由图 5 - 3 可以看出，核主成分分析法的累积贡献率曲线基本处于主成分分析法的上方，说明核主成分分析法信息提取更加有效，降维后的空间维度比使用主成分分析法得到的空间维度更低。采用线性判别分析对核主成分分析进行改进后，第一主成分的贡献率达到了 96.38%，仅前两个成分的累计贡献率就几乎达到 100%。降维后的空间维度远小于使用主成分分析法和核主成分分析法的结果。仿真结果证

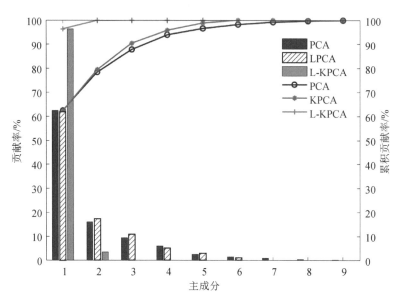

图 5 - 3   三种数据降维方法的比较

明,使用线性判别核主成分分析法的数据降维效果更好,特征参数提取所保留的原始数据信息更大,验证了算法在特征提取方面的有效性。

为进一步验证研究所提出方法的评估特性,下面分别根据极端值参数大小所表征的导弹状态和导弹状态随役龄衰退的特性,进行分析和验证。

2. 极端值角度的准确性验证

某些导弹的参数普遍处于标准值或阈值边缘,这类导弹能够通过参数的大小,对导弹状态进行合理的推断。

对核主成分分析法和线性判别核主成分分析法的排序结果进行比较。可以看出,使用线性判别分析在核主成分分析的基础上再次进行数据降维时,导弹 7 的状态等级发生了跳变,从"堪用"状态变成了"拟故障"状态。对导弹 7 的归一化参数进行分析,其指标 3、指标 5、指标 8、指标 12、指标 13 多项指标的归一化参数均达到了 0.9 以上;指标 3、指标 12、指标 13 的归一化参数甚至接近阈值边缘,根据状态等级划分对应的指标特征,推断导弹 7 应该处于拟故障状态等级,与线性判别分析改进后的结果一致。证明了采用线性判别对核主成分分析法进行改进后的有效性。

对参数变权前和参数变权后的导弹状态排序进行比较。参数变权前后的导弹状态排序除少数导弹(如导弹 1、导弹 8)外,几乎没有改变。由表 5 - 6 可以看出,导弹 1 与导弹 8 的参数指标差别不大,但是,导弹 1 的部分指标(如指标 5、指标 8)均处于标准值附近,且导弹 1 的役龄也小于导弹 8,所以推断导弹 1 的状态优于导弹 8。推断的结果与最终使用变权后的排序结果一致,初步证明了参数变权后状态等级排序的准确性有所提高。

3. 役龄角度的准确性验证

为了进一步验证研究所提出方法的有效性,从导弹役龄的角度对评估结果进行进一步分析。

随役龄的增长,导弹状态往往体现出衰退的特性。根据这一思想,对仿真导弹按照役龄指数的大小进行排序的结果如表 5 - 8 所列。经过状态评估的结果与按照役龄指数进行排序的结果基本一致,仅有少部分排序结果出现了偏差。这是因为导弹状态是性能指数和役龄指数的共同表征,两者共同影响着导弹的最终状态。以导弹 3 和导弹 8 为例,导弹 3 的役龄指数接近但小于导弹 8 的役龄指数,两者的状态差别不大。而导弹 3 的指标 11 数值为 0.94,接近了阈值边缘。导弹 8 的指标普遍远离阈值,推断导弹 3 的状态劣于导弹 8。这与研究采用方法的状态评估结果一致。

由上述分析可知,采用本章所提出的方法不论从极端值的角度还是从役龄的角度,均能够体现出评估结果的准确性。

5.6　本章小结

针对舰上作战值班状态下的导弹状态评估,本章提出了一种基于线性判别核主成分分析-变权综合的导弹状态评估方法。其主要研究成果如下:

① 对导弹状态影响因素进行了分析,根据测试项目和导弹特点,建立了由役龄指数和性能指数构成的某型导弹参数体系,并提出了数据预处理的方法;

② 将导弹状态划分为"良好""较好""堪用""拟故障"和"故障"5 个等级,并制定了相应的评估标准;

③ 提出基于线性判别核主成分分析-变权综合的状态评估方法,对某型导弹进行状态评估;

④ 以某型导弹仿真数据为例,验证了本章提出方法的特征提取有效性和状态评估准确性。

第6章 基于改进云模型的导弹状态评估

6.1 引 言

现有导弹的状态评估方法以测试数据作为主要状态信息,在此基础上进行状态等级的决策,其局限性不容忽视。由于导弹的通电时间受到限制,在导弹发射之前不允许有过多的测试和检查,并且在实际操作过程中还存在测试信息丢失的情况,导致导弹的测试数据十分有限,给状态的评估工作带来困难。此外,由于导弹的状态是包含测试信息在内的多种类型影响因素共同作用的结果,仅仅依据测试信息得到的状态评估结果的可信度不高。

考虑到除测试信息外的其他状态信息往往难以准确地定量表示,可以通过专家评判法采用定性评语进行表征。因此,状态评估工作的开展可以以性能测试参数的测试信息为依据首先进行定量评估,然后借助专家评判法依赖于环境应力、管理接口等其他非定量状态信息的定性评语进行定性评估。以期提高各种类型状态信息利用率的同时,实现定量和定性评估的有机结合,更全面地把握导弹的当前状态情况。

导弹状态的定性评估主要是对其定性要求的评估,定性要求通常是指标准化等的原则性要求,定性要求的描述和评估往往具有一定的模糊性和随机性。模糊性和随机性是不确定性的两种重要表现形式,关联密切,目前大部分文献所采用的方法不能兼顾模糊性和随机性。

考虑到云模型能够实现随机性和模糊性的有机结合,本章将改进的云模型应用于导弹的状态定性评估中,实现了导弹状态的定性评估。

6.2 评估指标体系的建立

考虑到导弹从交付部队到报废的整个全寿命周期内,不同任务剖面对状态造成的影响不同,本章结合实际特点在进行全面分析、咨询相关专家及部队意见、并借鉴已有成果的基础上,将导弹状态评估的定性指标划分为人力与人员因素、装备自身因素、环境应力因素、管理因素和接口因素5大类,建立了如图6-1所示的状态定性评估3级指标体系图。

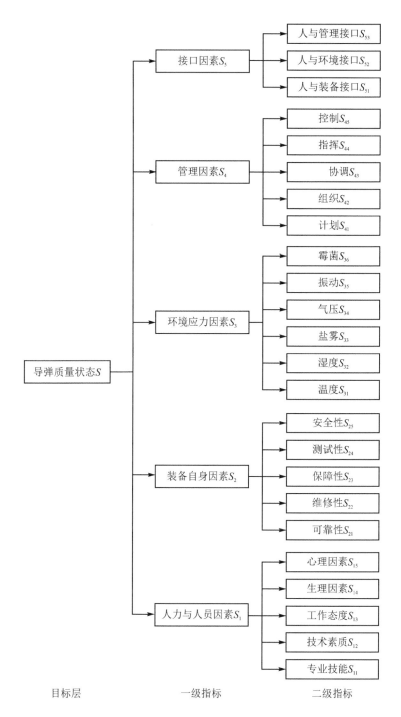

目标层　　　　　　一级指标　　　　　　二级指标

图 6 - 1　状态定性评估 3 级指标体系图

人力与人员因素:从系统的角度考虑,关注点为整个寿命周期内人员的能力和限制,主要表现为专业技能、技术素质、工作态度、生理和心理因素。

装备自身因素:从硬件和软件两个方面反映导弹的固有功能和通用性能,主要包括可靠性、维修性、保障性、测试性和安全性。根据 GJB 9001B—2009《管理体系要求》和 GJB 1909A—2009《装备可靠性维修性保障性要求论证》等标准规范进行整理总结和补充,如图 6 - 2 所示,作为指标体系结构中的三级指标。

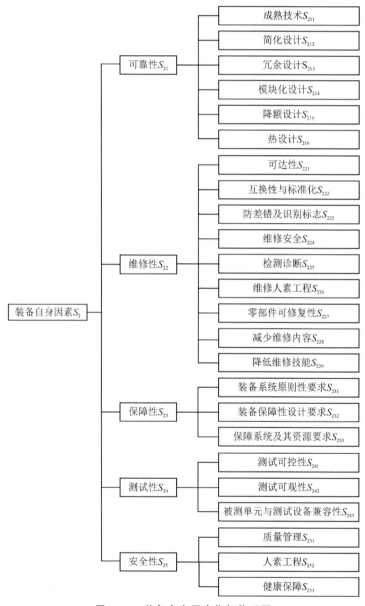

图 6 - 2　装备自身因素指标体系图

环境应力因素:包括导弹的贮存环境、战备值班环境和运输环境,通过数据采集系统捕捉、传感器系统监测获取,主要表现为温度、湿度、盐雾、气压、振动和霉菌 6 个方面。实时的环境应力数据不仅直接影响导弹的性能,而且可以间接反映其状态情况,对于长期贮存的装备具有重要意义。

管理因素:包括计划、组织、协调、指挥和控制。在导弹的全寿命周期内,必须依靠强有力的组织和管理完成统筹规划和协调控制,建立有效的管理机构,完善运行机制,进而实施有效控制。

接口因素:导弹系统接口繁多,关系复杂,可以分为人与装备接口、人与环境接口和人与管理接口。接口关系一般采用图纸图表、数据程序、文件资料和合同协议等方式表达。

6.3　导弹状态定性评估流程

导弹状态定性评估流程如图 6-3 所示。根据建立的定性评估指标体系,为了对贮存状态下的导弹进行状态的定性评估,首先根据专家给出的各个指标的评分范围

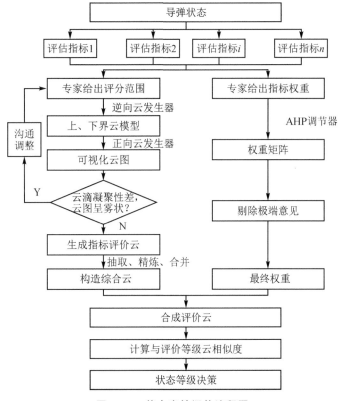

图 6-3　状态定性评估流程图

生成云图。根据云滴的凝聚情况和云图的整体形态判断专家的意见的分歧程度,不断调整完善直至达成统一意见,生成最终的指标评价云。进而进行抽取、精炼和合并构造综合云;然后,再根据专家给出的指标权重,借助设计的 AHP 调节器构成权重矩阵,结合聚类分析思想剔除极端专家意见,从而获取最终权重;最后计算出合成评价云,采用其与各个评价等级云的相似度量化表征导弹不同状态等级的隶属度。

6.4 云的构造

6.4.1 评价等级云

(1) 评语数值范围的确定

借助云模型对导弹的状态进行评估时,首先是划分评语集,然后通过专家打分法确定评语数值范围。

邀请领域内的 t 位专家 $e_1, e_2, \cdots, e_t$ 给出 m 个评语 $L_1, L_2, \cdots, L_m$ 的范围。$c_{xy} = [a_{xy}, b_{xy}](0 \leqslant a_{xy} < b_{xy} \leqslant 1)$ 表示专家 $e_x (x = 1, 2, \cdots, t)$ 对评语 $L_y (y = 1, 2, \cdots, m)$ 设定的数值区间。综合专家意见后,最终设定评语 L_y 的数值区间为 $c_y = [a_y, b_y](0 \leqslant a_y < b_y \leqslant 1)$,则

$$a_y = \frac{\sum_{x=1}^{t} a_{xy}}{t} \qquad b_y = \frac{\sum_{x=1}^{t} b_{xy}}{t} \qquad (6-1)$$

(2) 评价等级云的转换

采用指标近似法对评语数值区间进行云化,评语 L_y 的数值区间 $c_y = [a_y, b_y]$ $(0 \leqslant a_y < b_y \leqslant 1)$ 对应的评价等级云为 $T_y = (Ex_y, En_y, He_y)$,则

$$\begin{cases} Ex_y = \frac{1}{2}(a_y + b_y) \\ Ex_y = \frac{1}{6}(b_y - a_y) \\ He_y = k \end{cases} \qquad (6-2)$$

式中,超熵 He_y 的确定还没有统一的标准,通常认为 He_y 是一个常数,由区间值决定,并且大多采用多次试验的方法人为指定,具有一定的盲目性。本章通过计算各个专家给出的评语数值区间与最终设定数值区间的偏离度确定 He_y。

对于评语 L_y,专家 e_x 设定的数值区间 $c_{xy} = [a_{xy}, b_{xy}]$,最终设定的数值区间 $c_y = [a_y, b_y]$,数值区间长度 $l_y = b_y - a_y$,则 t 个专家关于评语 L_y 的偏离度 η_y 定义为

$$\eta_y = \frac{1}{2t \cdot l_y} \left(\sum_{x=1}^{t} | a_y - a_{xy} | + | b_y - b_{xy} | \right) \quad y = 1, 2, \cdots, m \quad (6-3)$$

超熵为

$$He_y = [\exp(0.5\eta_y) - 0.95] \cdot En_y \quad y = 1, 2, \cdots, m \quad (6-4)$$

6.4.2 指标评价云

为了方便与评价等级云作比较,需要云化指标的评价值。主要有公式集结法和逆向云生成法,它们都依赖于专家给出定性评语或者打分值。随着专家评判法的深入研究和广泛应用,其缺点也逐渐暴露出来。

一方面,由于专家之间认知水平的不同,必然存在个体差异,直观上表现为对某一个对象的评判存在人为偏好,导致综合各个专家得到的结果与整体的主导意见之间存在较大的偏差,甚至是专家之间的意见产生强烈的冲突矛盾,无法或难以综合专家意见,然而目前的大多数文献中并没有考虑这种人为偏好的影响问题。

另一方面,专家在确定各个指标的评价值时,有时会出现模棱两可、很难给出一个具体评分值的情况。

针对以上问题,本章提出一种剔除人为偏好影响的概念跃升指标评价云,逐步寻优直至意见统一,避免了专家人为偏好的不良影响。

1. 剔除人为偏好影响的指标评价云的生成

为了避免专家陷入模棱两可的"两难"处境,邀请专家给出待评价指标的评分范围;同时考虑到专家的个体偏好在指标转化过程引起的较大偏差,按照德尔菲法的思路,逐步寻优直至最终得到一个折衷、协调的结果。具体步骤如下:

步骤一:选取相关领域内的 k 位专家 $e_1, e_2, \cdots, e_k$。

步骤二:向专家组提供待评价的 n 个指标 $s_1, s_2, \cdots, s_n$ 的相关资料及意见征询表。

步骤三:邀请每一位专家在充分阅读相关资料的前提下给出待评价指标的评分范围。$[d_{ij}, u_{ij}]$ 表示专家 e_i 对指标 s_j 的评分范围,u_{ij} 和 d_{ij} 分别为评分上、下界值 $(i = 1, 2, \cdots, k; j = 1, 2, \cdots, n)$。

步骤四:收集整理专家组给出的评分值,将全部上、下界值分别输入到逆向云发生器中。

步骤五:计算并输出各个待评价指标 $s_1, s_2, \cdots, s_n$ 评分上、下界值云模型数字特征。$C_{ju}(Ex_u, En_u, He_u)$ 和 $C_{jd}(Ex_d, En_d, He_d)$ 分别为指标 s_j 的上、下界云模型。

步骤六:观察正向云发生器生成的云图,根据云滴的凝聚情况和云图的整体形态判断专家之间意见的分歧程度。若此时的云滴凝聚性很差,云图整体比较模糊,说明专家组的意见还不统一,则将评分值整理并反馈给专家组,专家组根据反馈结果进一步沟通完善,执行步骤七。若此时的云图凝聚性比较好、整体比较清晰,则该评分值即为所求。

步骤七：返回步骤三，直至得到令人满意的云图和评分值。

2. 基于概念提升的综合云的构造

获得了上、下界云之后，对其综合生成综合云。它通过对低层次上的概念进行抽取、精炼、合并，得到包含低层次概念全部信息的更高层次的概念，实现了抽象程度的提高，本质上属于一种概念提升。这里把待评价指标的上、下界云称为基础云。

以指标 s_j 的两个基础云 $C_{jd}(Ex_{jd}, En_{jd}, He_{jd})$ 和 $C_{ju}(Ex_{ju}, En_{ju}, He_{ju})$ 为例，构造综合云模型 $C_j(Ex_j, En_j, He_j)$ 的步骤如下：

步骤一：交点的求解

y_{jd} 和 y_{ju} 分别为两个基础云模型的期望曲线，则

$$\begin{cases} y_{jd}(x) = \exp[-(x - Ex_{jd})^2/(2En_{jd}^2)] \\ y_{ju}(x) = \exp[-(x - Ex_{ju})^2/(2En_{ju}^2)] \end{cases} \quad (6-5)$$

解方程组即可求解交点坐标，按其个数具体讨论如下：

（1）单交点

1）$En_{jd} = En_{ju}$ 且 $Ex_{jd} \neq Ex_{ju}$

不妨设 $Ex_{jd} < Ex_{ju}$，如图 6-4(a) 所示，交点在期望基线 $x = Ex_{jd}$ 和 $x = Ex_{ju}$ 中间，且满足 $p = \dfrac{Ex_{jd}En_{ju} + Ex_{ju}En_{jd}}{En_{ju} + En_{jd}}$。

2）$En_{jd} \neq En_{ju}$ 且 $Ex_{jd} = Ex_{ju}$

如图 6-4(b) 所示，交点为两条期望曲线的顶点，即 $p = Ex_{jd} = Ex_{ju}$。

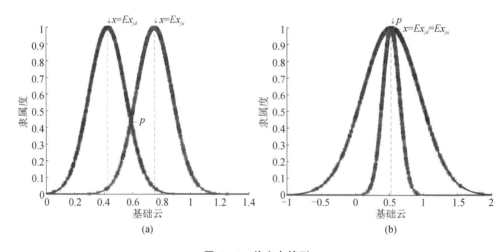

图 6-4 单交点情形

（2）双交点

当 $En_{jd} \neq En_{ju}$ 且 $Ex_{jd} \neq Ex_{ju}$ 时，两个交点分别为 $p_1 = \dfrac{Ex_{jd}En_{ju} + Ex_{ju}En_{jd}}{En_{ju} + En_{jd}}$

和 $p_2 = \dfrac{Ex_{jd}En_{ju} - Ex_{ju}En_{jd}}{En_{ju} - En_{jd}}$。

不妨设 $Ex_{jd} < Ex_{ju}$，显然有 $Ex_{jd} < p_1 < Ex_{ju}$，即其中一个交点 p_1 位于 $x = Ex_{jd}$ 和 $x = Ex_{ju}$ 的中间，另一个交点 p_2 的位置与 En_{jd} 和 En_{ju} 的相对大小有关。

1）$En_{jd} < En_{ju}$

如图 6-5(a)所示，此时基础云 C_{ju} 更"宽阔"一些，跨度更广，交点 p_2 位于 $x = Ex_{jd}$ 左侧，交点 p_1 和 p_2 均在 $x = Ex_{ju}$ 左侧。

2）$En_{jd} > En_{ju}$

如图 6-5(b)所示，同理，交点 p_2 位于 $x = Ex_{ju}$ 右侧，交点 p_1 和 p_2 均在 $x = Ex_{jd}$ 右侧。

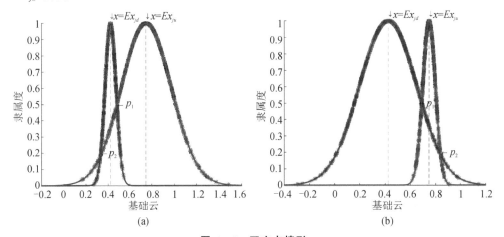

图 6-5　双交点情形

步骤二：截断熵的求解

$$y'_{jd}(x) = \begin{cases} y_{jd}(x) & y_{jd}(x) \geqslant y_{ju}(x) \\ 0 & y_{jd}(x) < y_{ju}(x) \end{cases}$$

$$y'_{ju}(x) = \begin{cases} y_{ju}(x) & y_{ju}(x) \geqslant y_{jd}(x) \\ 0 & y_{ju}(x) < y_{jd}(x) \end{cases}$$

$$(6-6)$$

式中，$y'_{jd}(x)$ 和 $y'_{ju}(x)$ 分别为期望曲线 $y_{jd}(x)$ 和 $y_{ju}(x)$ 的最大值，通过交点截断得到。因此基础云的截断熵分别为

$$En'_{jd} = \int_U y'_{jd}(x)\,\mathrm{d}x$$

$$En'_{ju} = \int_U y'_{ju}(x)\,\mathrm{d}x$$

$$(6-7)$$

步骤三:综合云模型数字特征的确定

根据求解的截断熵得到综合云 $C_j(Ex_j,En_j,He_j)$,满足

$$\begin{cases} Ex_j = \dfrac{Ex_{jd}En'_{jd}+Ex_{ju}En'_{ju}}{En'_{jd}+En'_{ju}} \\ En_j = En'_{jd}+En'_{ju} \\ He_j = \dfrac{He_{jd}En'_{jd}+He_{ju}En'_{ju}}{En'_{jd}+En'_{ju}} \end{cases} \quad (6-8)$$

6.4.3 合成评价云

评价指标 s_j 对应的指标评价综合云为 $C_j(Ex_j,En_j,He_j)$,权重为 W'_j,$j=1$,$2,\cdots,N$,N 为指标总数,则将这 N 个指标评价综合云 $C_j(Ex_j,En_j,He_j)$ 综合后得到的合成评价云为 $C_z(Ex_z,En_z,He_z)$,满足

$$\begin{cases} Ex_z = \sum_{j=1}^{N}W'_j Ex_j \\ En_z = \sum_{j=1}^{N}(W_j'^2 En_j)\Big/\sum_{j=1}^{N}(W_j'^2) \\ He_z = \sum_{j=1}^{N}(W_j'^2 He_j)\Big/\sum_{j=1}^{N}(W_j'^2) \\ \sum_{j=1}^{N}W'_j = 1 \end{cases} \quad (6-9)$$

6.5 指标权重的确定

如何根据导弹各个指标的重要性来确定其权重是一个重要的环节,其合理性和可靠性直接关系着评估结果的有效性。为此,本节提出了一种排除极端专家意见的含调整器 AHP 权重确定方法(Improved AHP,IAHP),避免了反复一致性检验的烦琐计算并且可实现对极端专家意见的有效筛选和排除。

6.5.1 AHP 自动调整器

为了避免传统 AHP 法反复一致性检验带来的烦琐工作以及导致的盲目性问题,利用最优传递矩阵性质,设置一个 AHP 自动调整器,实现"一般判断矩阵-反对称矩阵-最优传递矩阵-拟优化一致矩阵"的转换,使转换后的矩阵本身满足一致性检验要求,省去一致性检验步骤,再利用解析法进行层次单排序直接获得权重。具体步骤如下:

步骤一:判断矩阵的构造。对隶属于相同准则(约束)的元素两两比较其重要性,假设准则 Ru_k 下共有 n 个隶属元素 $Sc_1, Sc_2, \cdots, Sc_n$,用 Saaty 提出的 $9/9 \sim 9/1$ 标度得到的判断矩阵为

$$\boldsymbol{A}_{n\times n} = (a_{ij})_{n\times n} = \begin{pmatrix} a_{11} & a_{12} & \cdots & a_{1n} \\ a_{21} & a_{22} & \cdots & a_{2n} \\ \vdots & \vdots & & \vdots \\ a_{n1} & a_{n2} & \cdots & a_{nn} \end{pmatrix} \qquad (6-10)$$

其中,$a_{ij} = 1 (i=j, i,j=1,2,\cdots,n)$ 且 $a_{ij} = \dfrac{1}{a_{ji}} (i \neq j, i,j=1,2,\cdots,n)$,显然该矩阵为正逆对称矩阵。

步骤二:自动调整器的设置。

① 生成反对称矩阵。对 $\boldsymbol{A}_{n\times n} = (a_{ij})_{n\times n}$ 进行 $b_{ij} = \lg(a_{ij}) (i,j=1,2,\cdots,n)$ 变换,得到反对称矩阵 $\boldsymbol{B}_{n\times n} = \lg(\boldsymbol{A}_{n\times n})$。

② 求解最优传递矩阵。对 $\boldsymbol{B}_{n\times n} = (b_{ij})_{n\times n}$ 进行 $c_{ij} = \dfrac{1}{n} \sum\limits_{k=1}^{n} (b_{ik} - b_{jk}) (i,j=1, 2,\cdots,n)$ 变换,得到最优传递矩阵 $\boldsymbol{C}_{n\times n} = (c_{ij})_{n\times n}$。

③ 导出拟优化一致矩阵。对 $\boldsymbol{C}_{n\times n} = (c_{ij})_{n\times n}$ 进行 $v_{ij} = 10^{c_{ij}} (i,j=1,2,\cdots,n)$ 变换,得到拟优化一致矩阵 $\boldsymbol{V}_{n\times n} = 10^{\boldsymbol{C}_{n\times n}}$。

步骤三:层次单排序。求解特征方程 $\boldsymbol{V}_{n\times n}\boldsymbol{\omega} = \lambda\boldsymbol{\omega}$ 得最大特征值 $\lambda_{\max}$ 及其对应的特征向量 $\boldsymbol{\omega} = (\omega_1, \omega_2, \cdots, \omega_n)$。对 $\boldsymbol{\omega}$ 进行标准化处理得到 $\boldsymbol{W} = (W_1, W_2, \cdots, W_n)$ 即为所求 n 个隶属元素 $Sc_1, Sc_2, \cdots, Sc_n$ 的权重值向量。

6.5.2　专家意见的排除

为了消除个别"偏激"专家的极端意见在 AHP 权重确定过程中的影响,考虑到极端专家意见难以直观判断,借助聚类分析思想,通过专家给出的权重值计算他们之间的相似系数,进而获得专家相对于专家群体的相似度。相似度越小,相较于专家群体的偏离程度越大,专家意见越极端,其影响越应该被弱化甚至消除。专家意见排除的具体步骤如下:

步骤一:邀请 m 位专家组成的专家群体 $e_1, e_2, \cdots, e_m$ 中的每位专家 $e_i (i=1, 2,\cdots,m)$ 分别按照 6.5.1 小节方法的步骤一至步骤三确定 n 个指标 $Sc_1, Sc_2, \cdots, Sc_n$ 的权重向量 $\boldsymbol{W}_i = (W_{i1}, W_{i2}, \cdots, W_{in}) (i=1,2,\cdots,m)$,构成权重矩阵:

$$\boldsymbol{W}_{m\times n}^* = \begin{pmatrix} W_{11} & W_{12} & \cdots & W_{1n} \\ W_{21} & W_{22} & \cdots & W_{2n} \\ \vdots & \vdots & & \vdots \\ W_{m1} & W_{m2} & \cdots & W_{mn} \end{pmatrix} \qquad (6-11)$$

步骤二：计算专家 e_i 与专家 e_j 之间的相似系数 $r_{ij}=1-\dfrac{1}{n}\sum\limits_{k=1}^{n}|W_{ik}-W_{jk}|$，构成相似系数矩阵：

$$\boldsymbol{R}_{m\times m}=\begin{bmatrix} r_{11} & r_{12} & \cdots & r_{1m} \\ r_{21} & r_{22} & \cdots & r_{2m} \\ \vdots & \vdots & & \vdots \\ r_{m1} & r_{m2} & \cdots & r_{mm} \end{bmatrix} \tag{6-12}$$

显然，$r_{ij}=r_{ji}(i\neq j,i,j=1,2,\cdots,m)$，$r_{ij}=1(i=j,i,j=1,2,\cdots,m)$。

步骤三：计算专家个体 e_i 与整个群体 $e_1,e_2,\cdots,e_m$ 之间的相似度 $g_i=\sum\limits_{k=1}^{m}r_{ik}$，构成相似度向量 $\boldsymbol{G}=(g_1,g_2,\cdots,g_m)^{\mathrm{T}}$。

步骤四：排除极端专家意见。根据淘汰比例，将相似度低的专家意见排除。比例的确定是关键，比例偏高会使大量专家意见被排除，失去群决策意义；比例偏低可能会漏掉极端意见。大多数文献采用 20%～30% 淘汰比例，并且不排除专家群体的意见十分统一、理论上都应该被保留的情形。

步骤五：对剩余的专家意见取平均值。得到最终权重向量 $\boldsymbol{W}'=(W_1',W_2',\cdots,W_n')$。

6.6 基于云相似度的导弹评估结果判定

计算得到合成评价云的数字特征之后，难点就在于如何根据各个评价等级云的数字特征进行等级判定。传统的相对位置判定方法简易直观，但是当合成评价云与两个相邻等级的偏向程度接近时，无法给出评估结果，适用范围十分有限。近年来流行的基于云重心的判定方法中，偏离度 θ 的计算公式尚存在分歧，而且同样存在着当 θ 介于两个等级的期望之间无法判断的情况。此外以上两种方法均只能得出评估对象与评价等级之间的隶属关系，无法获取具体的隶属程度数值。

因此，本章提出计算合成评价云 $C_z(Ex_z,En_z,He_z)$ 与每个评价等级云 $T_y=(Ex_y,En_y,He_y)(y=1,2,\cdots,m)$ 之间的云相似度。用标准化处理后的各个相似度值量化表征其与评价等级之间的隶属程度，作为最终定性评估判定结果。

6.6.1 新的计算思路

云相似度的计算方法大体划分如下：第一种是基于随机云滴的距离度量法。在一定程度上体现了云模型的本质，然而云滴的随机选择、按条件筛选、大小排序和重新组合耗费大量的时间，增加了复杂度，不利于大规模计算；云滴数和试验次数的确定主观性和随机性较强，缺乏统一标准。第二种是基于特征向量的夹角余弦度量法,该方法虽然操作简单易行,但是当云模型数字特征中的某一个值过小时,计算出的余弦值往往会弱化甚至忽视它的影响,造成较大的误差。第三种是基于云形态的面积比例法,该方法尽管直观清晰,更符合人的认知,但是交叉面积的计算较为复杂。

　　为此,本节在充分认识云模型几何特征内涵的基础上,提出一种基于含超熵期望曲线簇的云相似度求解方法(Hyper Entropy Expectation Curve Cluster Method of Cloud Model Similarity Solution,HEECM),以云模型的几何形态为切入点,定量表示云相似度。

　　期望曲线的含超熵曲线簇可以看作一种概念上的推广与延伸,定义如下:

　　若云滴 x 满足 $x \sim N(Ex, En'^2)$,$En \sim N(En, He^2)(En \neq 0)$,则 $y_H(x) = \exp\{-(x-Ex)^2/[2(En+kHe)^2]\}$ 为云(Ex, En, He)的含超熵期望曲线簇,其中 k 为超熵参数,一般取值范围为$[-3,3]$,如图 6-6 所示。

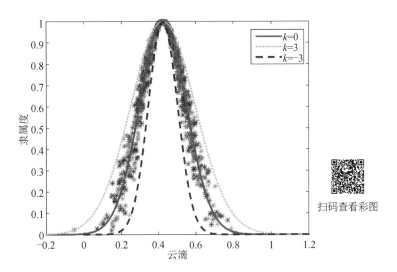

图 6-6　含超熵期望曲线簇

　　当 $k=0$ 时,$y_H(x)$就是期望曲线 $y(x) = \exp\{-(x-Ex)^2/[2(En)^2]\}$;

　　当 $k=3$ 时,$y_H(x)$为云模型的最外侧边界曲线;

　　当 $k=-3$ 时,$y_H(x)$为云模型的最内侧边界曲线。

　　新的云相似度计算思路主要考虑以下三个问题:

　　(1) 相似度的度量方法

　　考虑到具有解析式的含超熵期望曲线簇能够定量描述云形态,可以选取含超熵期望曲线簇中的一条曲线作为几何特征曲线衡量基准,计算两个云模型衡量基准曲线的交叉面积,定量表征二者的相似程度。含超熵期望曲线簇依赖于云模型的数字特征,曲线形式固定,决定了交叉面积计算结果不会随着云滴的随机性而变化,在一定程度上克服了前两种方法随机性大、主观性强、结果准确性和稳定性欠佳等问题。

（2）面积的计算

为了便于不同云模型相似度的比较，需要计算两个衡量基准曲线之间的交叉面积及它们各自与横轴的围合面积，将二者的比值作为相似度。面积可以通过正态分布函数积分得到。

（3）衡量基准曲线的选择

理论上含超熵期望曲线簇中的任意一条曲线都可以作为衡量基准曲线，为了防止含超熵曲线过分发散或者收敛，一般限制超熵参数 k 的范围为$[-3,3]$。若采用期望曲线（$k=0$），无法刻画云滴围绕"骨架"波动的幅度和范围，而且只利用期望和熵2个数字特征进行计算，完全忽略了超熵的作用，缺乏对云厚度的考虑；若采用最外侧边界曲线（$k=3$）或者最内侧边界曲线（$k=-3$），可以在微观上从最大云滴值或者最小云滴值角度实现局部特征的计算，而且充分利用了云模型的3个数字特征，增加了云厚度影响的理解，但是容易过分夸大超熵的作用。

目前云相似度计算方法中普遍只计算含超熵期望曲线簇中的一条曲线的交叉面积作为相似度结果输出，容易导致较大的误差，甚至产生错误的结论。

针对以上问题，本章以含超熵期望曲线簇为基础，分别以期望曲线、最外侧边界曲线和最内侧边界曲线为衡量基准曲线，计算相应相似度后取平均值，兼顾云模型整体与局部特征的相似度计算，从而实现宏观与微观、整体与局部的融合，考虑更加全面。

6.6.2 新的计算方法

首先计算以期望曲线为衡量基准曲线的相似度。然后进行超熵代换，分别对应最外侧和最内侧边界曲线的相似度。取平均值为最终相似度，以目标层 S 的合成评价云 $C_z(Ex_z, En_z, He_z)$ 和评价等级云 $T_y=(Ex_y, En_y, He_y)(y=1,2,3,4)$ 为例，计算二者相似度的步骤如下：

步骤一：计算交叉面积

交叉面积的计算依赖于交点，交点个数和位置的不同导致交叉面积的求解方式有所差异。这里期望曲线的交点的分类与6.4.3小节相同。

（1）单交点

不妨设 $Ex_z < Ex_y$，其他情况求解方法类似。

交点坐标为 $p = \dfrac{Ex_z En_y + Ex_y En_z}{En_z + En_y}$，以交点 p 纵坐标所在直线为界，将交叉面积 S 分为两个独立区域 S_1 和 S_2，如图 6-7 所示阴影部分。面积 S_1 由云模型 C_y 的期望曲线 $y_y(x)$ 构成，$S_1 = \displaystyle\int_{-\infty}^{p} y_y(x)\mathrm{d}x$；面积 S_2 由云模型 C_z 的期望曲线 $y_z(x)$ 构

成，$S_2 = \int_p^{+\infty} y_z(x)\mathrm{d}x$。因此，阴影部分面积 $S = S_1 + S_2 = \int_{-\infty}^p y_y(x)\mathrm{d}x +$

$\int_p^{+\infty} y_z(x)\mathrm{d}x$。

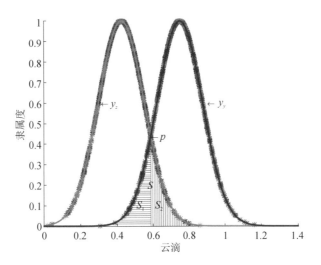

图 6-7　单交点交叉面积

考虑到 $y_y(x)$ 和 $y_z(x)$ 不可积，通过变量代换转换为标准正态分布函数计算积分。

令 $p_z = (p - Ex_z)/En_z$，$p_y = (p - Ex_y)/En_y$，则有

$$S = \int_{-\infty}^p y_y(x)\mathrm{d}x + \int_p^{+\infty} y_z(x)\mathrm{d}x$$

$$= \sqrt{2\pi}En_y\int_{-\infty}^{p_y}\phi(x)\mathrm{d}x + \sqrt{2\pi}En_z\int_{p_z}^{+\infty}\phi(x)(x)\mathrm{d}x$$

$$= \sqrt{2\pi}En_y\int_{-\infty}^{p_y}\phi(x)\mathrm{d}x + \sqrt{2\pi}En_z\left[1 - \int_{-\infty}^{p_z}\phi(x)(x)\mathrm{d}x\right]$$

$$= \sqrt{2\pi}En_y\Phi(p_y) + \sqrt{2\pi}En_z[1 - \Phi(p_z)] \tag{6-13}$$

其中，$\phi(x)$ 和 $\Phi(x)$ 分别为标准正态分布的概率密度函数和分布函数。

（2）双交点

设 $Ex_z < Ex_y$，两个交点分别为 $p_1 = \dfrac{Ex_zEn_y + Ex_yEn_z}{En_z + En_y}$ 和 $p_2 = \dfrac{Ex_zEn_y - Ex_yEn_z}{En_y - En_z}$，分为两种情况讨论。

1) $En_z < En_y$

以交点 p_1 和 p_2 纵坐标所在直线为界,将交叉面积 S 分为三个独立区域 S_1、S_2 和 S_3,如图 6-8(a)所示阴影部分。面积 S_1 由云模型 C_z 的期望曲线 $y_z(x)$ 构成,

$S_1 = \int_{-\infty}^{p_2} y_z(x)\mathrm{d}x$;面积 S_2 由云模型 C_y 的期望曲线 $y_j(x)$ 构成,$S_2 = \int_{p_2}^{p_1} y_y(x)\mathrm{d}x$;

面积 S_1 由云模型 C_z 的期望曲线 $y_z(x)$ 构成,$S_3 = \int_{p_2}^{+\infty} y_z(x)\mathrm{d}x$。

因此,同理可得到交叉面积:

$$S = S_1 + S_2 + S_3$$

$$= \int_{-\infty}^{p_2} y_z(x)\mathrm{d}x + \int_{p_2}^{p_1} y_y(x)\mathrm{d}x + \int_{p_1}^{+\infty} y_z(x)\mathrm{d}x$$

$$= \sqrt{2\pi}En_z \int_{-\infty}^{p_{2z}} \phi(x)\mathrm{d}x + \sqrt{2\pi}En_y \int_{p_{2y}}^{p_{1y}} \phi(x)(x)\mathrm{d}x + \sqrt{2\pi}En_z \int_{p_{1z}}^{+\infty} \phi(x)(x)\mathrm{d}x$$

$$= \sqrt{2\pi}En_z \Phi(p_{2z}) + \sqrt{2\pi}En_y [\Phi(p_{1y}) - \Phi(p_{2y})] + \sqrt{2\pi}En_z [1 - \Phi(p_{1z})]$$

$$(6-14)$$

其中,$p_{1z} = (p_1 - Ex_z)/En_z$,$p_{2z} = (p_2 - Ex_z)/En_z$,$p_{1y} = (p_1 - Ex_y)/En_y$,$p_{2y} = (p_2 - Ex_y)/En_y$。

2) $En_z \geqslant En_y$

同理可得交叉面积(见图 6-8(b)中的阴影部分):

$$S = S_1 + S_2 + S_3$$

$$= \sqrt{2\pi}En_y \Phi(p_{1y}) + \sqrt{2\pi}En_z [\Phi(p_{2z}) - \Phi(p_{1z})] + \sqrt{2\pi}En_y [1 - \Phi(p_{2y})]$$

$$(6-15)$$

其中,$p_{1z} = (p_1 - Ex_z)/En_z$,$p_{2z} = (p_2 - Ex_z)/En_z$,$p_{1y} = (p_1 - Ex_y)/En_y$,$p_{2y} = (p_2 - Ex_y)/En_y$。

步骤二:计算围合面积

云模型 C_z 和 C_y 的围合面积为 $S_z = \sqrt{2\pi}En_z$ 和 $S_y = \sqrt{2\pi}En_y$。

步骤三:计算面积之比

为了便于比较,将面积标准化得到的期望曲线作为衡量基准曲线时,云模型 C_z 和 C_y 的相似度为 $\gamma(C_z, C_y) = \dfrac{2S}{S_z + S_y} \in [0, 1]$。

步骤四:超熵代换

将步骤一～步骤三的熵中加入超熵因素,作代换 $En^{(1)} = En + kHe$,$k = 3$,所有

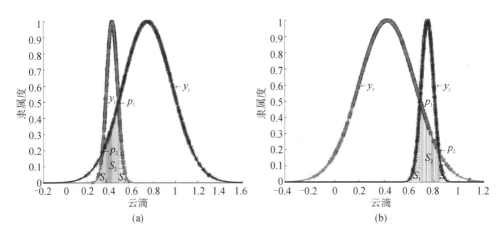

图 6-8　双交点交叉面积

中间参数上标均标注(1),此时可得到以最外侧边界曲线作为衡量基准曲线时,云模型 C_z 和 C_y 的相似度 $\gamma^{(1)}(C_z,C_y)=\dfrac{2S^{(1)}}{S_z^{(1)}+S_y^{(1)}}$。

同样地,作代换 $En^{(2)}=En+kHe,k=-3$,所有中间参数上标均标注(2),得到以最内侧边界曲线作为衡量基准曲线时,云模型 C_z 和 C_y 的相似度 $\gamma^{(2)}(C_z,C_y)=\dfrac{2S^{(2)}}{S_z^{(2)}+S_y^{(2)}}$。

取平均值得到最终相似度:

$$\gamma(C_z,C_y)=\frac{1}{3}\big[\gamma(C_z,C_y)+\gamma^{(1)}(C_z,C_y)+\gamma^{(2)}(C_z,C_y)\big] \qquad (6-16)$$

6.7　案例分析

第 3~5 章分别采用了不同方法以导弹性能测试参数为数据基础完成了导弹状态的定量评估,为了充分利用各种类型的状态信息,实现状态的全面把握,邀请 10 名专家 $e_1,e_2,\cdots,e_{10}$ 按照本章设计的方法对导弹的状态进行定性评估,并与定量评估结果进行对比。

6.7.1　评价等级云

将各个专家分别给出的评语数值区间按式(6-1)计算,得到最终设定的评语区间分别为"优"[0.896,1]、"良"[0.804,0.896]、"中"[0.568,0.804]和"差"[0,0.568]。

由式(6-2)计算出 4 个评语对应的评价等级云分别为 $T_1(0.948,0.0173,$

$0.005\ 2$)、$T_2(0.850,0.015\ 3,0.004\ 6)$、$T_3(0.686,0.039\ 3,0.009\ 1)$和$T_4(0.284,$ $0.094\ 7,0.013\ 9)$,对应的云图如图 6 - 9 所示。可见,各个评价等级云的凝聚性和区分性均较好。

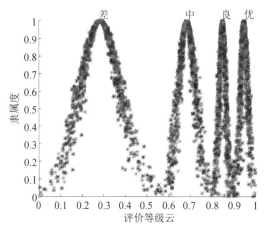

图 6 - 9　评价等级云图

6.7.2　指标评价云

收集 10 位专家给出的温度 S_{31} 的评分上界值分别为 0.71、0.73、0.51、0.70、0.50、0.71、0.72、0.72、0.91、0.90,对应的上界云为 $C_{31u}(0.711\ 0,0.106\ 5,0.080\ 8)$,云图见图 6 - 10(a)。可见,云滴的凝聚性很差,整体非常模糊,说明专家组的意见很不统一。反馈给专家组后,经过多次调整,得到的评分上界值分别为 0.85、0.89、0.83、0.85、0.78、0.82、0.89、0.92、0.88、0.93,此时对应的上界云为 $C_{31u}(0.864\ 0,$ $0.047\ 6,0.009\ 3)$,可视化云图见图 6 - 10(b)。同理得到下界云为 $C_{31d}(0.788\ 0,$ $0.037\ 6,0.004\ 3)$,按式(6 - 8)构造出的综合云为 $C_{31}(0.830\ 5,0.066\ 9,0.007\ 1)$。

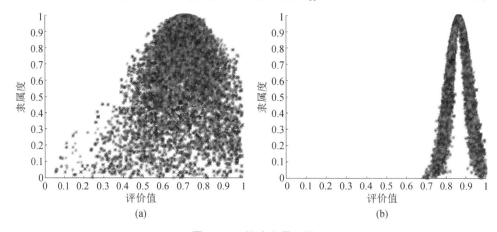

图 6 - 10　温度上界云图

扫码查看图 6 - 9 彩图　　　扫码查看图 6 - 10(a)彩图　　　扫码查看图 6 - 10(b)彩图

如此反复,得到二级评价指标的各个评分值如表 6 - 1 所列。用同样的方法得到湿度 S_{32}、盐雾 S_{33}、气压 S_{34}、振动 S_{35} 和霉菌 S_{36} 的综合云分别为 $C_{32}(0.805\,0,0.071\,6,0.016\,8)$、$C_{33}(0.758\,8,0.045\,6,0.009\,5)$、$C_{34}(0.868\,3,0.030\,8,0.004\,9)$、$C_{35}(0.890\,6,0.033\,6,0.004\,4)$ 和 $C_{36}(0.895\,3,0.025\,9,0.005\,3)$。

表 6 - 1　二级评价指标的评分值

专　家	二级评价指标											
	温度 S_{31}		湿度 S_{32}		盐雾 S_{33}		气压 S_{34}		振动 S_{35}		霉菌 S_{36}	
	下界	上界	下界	上界	下界	上界	下界	上界	下界	上界	下界	上界
e_1	0.78	0.85	0.75	0.83	0.70	0.75	0.85	0.90	0.85	0.91	0.85	0.90
e_2	0.80	0.89	0.72	0.80	0.72	0.76	0.85	0.89	0.86	0.93	0.86	0.90
e_3	0.77	0.83	0.81	0.90	0.75	0.80	0.83	0.88	0.84	0.92	0.86	0.91
e_4	0.80	0.85	0.80	0.88	0.77	0.81	0.86	0.90	0.87	0.94	0.85	0.90
e_5	0.75	0.78	0.78	0.85	0.78	0.82	0.81	0.87	0.90	0.94	0.87	0.93
e_6	0.75	0.82	0.81	0.87	0.73	0.78	0.82	0.91	0.85	0.90	0.88	0.93
e_7	0.81	0.89	0.73	0.81	0.70	0.76	0.85	0.90	0.86	0.94	0.85	0.92
e_8	0.86	0.92	0.70	0.79	0.75	0.79	0.86	0.92	0.88	0.93	0.85	0.91
e_9	0.74	0.88	0.76	0.80	0.76	0.81	0.86	0.92	0.85	0.91	0.86	0.93
e_{10}	0.82	0.93	0.82	0.89	0.71	0.78	0.85	0.90	0.89	0.93	0.87	0.94

6.7.3　指标权重

采用 IAHP 方法确定二级评价指标温度 S_{31}、湿度 S_{32}、盐雾 S_{33}、气压 S_{34}、振动 S_{35} 和霉菌 S_{36} 的权重。专家 e_1 给出的判断矩阵为

$$\boldsymbol{A} = \begin{bmatrix} 9/9 & 9/9 & 9/7 & 9/6 & 9/3 & 9/1 \\ 9/9 & 9/9 & 9/8 & 9/6 & 9/3 & 9/1 \\ 7/9 & 8/9 & 9/9 & 9/8 & 9/6 & 9/1 \\ 6/9 & 6/9 & 8/9 & 9/9 & 9/7 & 9/3 \\ 3/9 & 3/9 & 6/9 & 7/9 & 9/9 & 9/6 \\ 1/9 & 1/9 & 1/9 & 3/9 & 6/9 & 9/9 \end{bmatrix} \qquad (6 - 17)$$

根据自动调整器,得到拟优化一致矩阵 $\boldsymbol{V}$:

$$\boldsymbol{V} = \begin{pmatrix} 1.000\,0 & 1.022\,5 & 1.305\,9 & 1.801\,4 & 2.906\,2 & 7.448\,9 \\ 0.978\,0 & 1.000\,0 & 1.277\,1 & 1.761\,8 & 2.842\,3 & 7.284\,9 \\ 0.765\,8 & 0.783\,0 & 1.000\,0 & 1.379\,5 & 2.225\,5 & 5.704\,1 \\ 0.555\,1 & 0.567\,6 & 0.724\,9 & 1.000\,0 & 1.613\,3 & 4.135\,0 \\ 0.344\,1 & 0.351\,8 & 0.449\,3 & 0.619\,8 & 1.000\,0 & 2.563\,1 \\ 0.134\,2 & 0.137\,3 & 0.175\,3 & 0.241\,8 & 0.390\,2 & 1.000\,0 \end{pmatrix} \quad (6-18)$$

求解特征方程 $\boldsymbol{V}_{n \times n}\boldsymbol{\omega} = \lambda\boldsymbol{\omega}$，得到最大特征值 $\lambda_{\max} = 6$ 及其对应的特征向量 $\boldsymbol{\omega} = (0.578\,6, 0.565\,8, 0.443\,0, 0.321\,2, 0.199\,1, 0.077\,7)$。对 $\boldsymbol{\omega}$ 进行标准化处理得到 $\boldsymbol{W} = (0.264\,8, 0.258\,8, 0.202\,7, 0.147\,0, 0.091\,1, 0.035\,6)$，$\boldsymbol{W}$ 即为所求 6 个二级指标的权重向量。

采用传统 AHP 法和 IAHP 方法进行结果比较，为了说明 IAHP 的优越性，同时也计算出了对应的一致性指标（CI）、平均随机一致性指标（RI）和相对一致性指标（CR），结果如表 6-2 所列。

表 6-2　IAHP 与 AHP 比较

方　法	$\lambda_{\max}$	$CI = \dfrac{\lambda_{\max}-n}{n-1}$	RI	$CR = \dfrac{CI}{RI}$	权重向量
IAHP 方法	6	0	1.24	0	$\boldsymbol{W} = (0.264\,8, 0.258\,8, 0.202\,7,$ $0.147\,0, 0.091\,1, 0.035\,6)$
传统 AHP 法	6.172\,3	0.034\,5	1.24	0.027\,8	$\boldsymbol{W} = (0.261\,4, 0.256\,0, 0.206\,4,$ $0.146\,6, 0.092\,7, 0.036\,9)$

从表中可以看出，AHP 法和 IAHP 方法计算的权重向量大致相同。其中，IAHP 的 CI 和 CR 值均为 0，说明其判断矩阵完全符合一致性要求，性能更佳。

同理得到其余 9 位专家 $e_2, e_3, \cdots, e_{10}$ 给出的权重向量，其构成权重矩阵为

$$\boldsymbol{W}^* = \begin{pmatrix} 0.264\,8 & 0.258\,8 & 0.202\,7 & 0.147\,0 & 0.091\,1 & 0.035\,6 \\ 0.211\,1 & 0.215\,3 & 0.165\,2 & 0.156\,9 & 0.143\,1 & 0.108\,4 \\ 0.260\,3 & 0.259\,9 & 0.220\,1 & 0.122\,3 & 0.092\,2 & 0.045\,2 \\ 0.321\,6 & 0.310\,9 & 0.106\,5 & 0.178\,0 & 0.057\,8 & 0.025\,2 \\ 0.275\,9 & 0.241\,3 & 0.210\,0 & 0.139\,9 & 0.101\,8 & 0.021\,1 \\ 0.254\,0 & 0.269\,6 & 0.222\,1 & 0.127\,5 & 0.110\,4 & 0.016\,4 \\ 0.245\,0 & 0.278\,6 & 0.183\,0 & 0.166\,6 & 0.111\,3 & 0.015\,5 \\ 0.309\,9 & 0.300\,1 & 0.159\,6 & 0.167\,8 & 0.031\,9 & 0.030\,7 \\ 0.270\,0 & 0.253\,3 & 0.191\,6 & 0.158\,3 & 0.071\,6 & 0.055\,4 \\ 0.283\,5 & 0.269\,1 & 0.200\,6 & 0.145\,3 & 0.081\,0 & 0.047\,5 \end{pmatrix} \quad (6-19)$$

专家之间的相似系数矩阵为

$$\boldsymbol{R} = \begin{pmatrix} 1.000\,0 & 0.955\,1 & 0.990\,3 & 0.953\,4 & 0.988\,6 & 0.983\,5 & 0.980\,1 & 0.964\,3 & 0.987\,9 & 0.990\,9 \\ 0.955\,1 & 1.000\,0 & 0.950\,4 & 0.924\,3 & 0.953\,1 & 0.948\,6 & 0.958\,4 & 0.935\,2 & 0.958\,5 & 0.950\,6 \\ 0.990\,3 & 0.950\,4 & 1.000\,0 & 0.944\,0 & 0.984\,1 & 0.988\,3 & 0.972\,6 & 0.954\,9 & 0.981\,4 & 0.985\,3 \\ 0.953\,4 & 0.924\,3 & 0.924\,3 & 1.000\,0 & 0.949\,2 & 0.943\,9 & 0.956\,7 & 0.980\,5 & 0.957\,0 & 0.958\,0 \\ 0.988\,6 & 0.953\,1 & 0.953\,1 & 0.949\,2 & 1.000\,0 & 0.985\,3 & 0.977\,2 & 0.958\,2 & 0.980\,2 & 0.983\,8 \\ 0.983\,5 & 0.948\,6 & 0.948\,6 & 0.943\,9 & 0.985\,3 & 1.000\,0 & 0.983\,7 & 0.953\,0 & 0.971\,4 & 0.978\,4 \\ 0.980\,1 & 0.958\,4 & 0.958\,4 & 0.956\,7 & 0.977\,2 & 0.983\,7 & 1.000\,0 & 0.965\,7 & 0.975\,5 & 0.975\,1 \\ 0.964\,3 & 0.935\,2 & 0.935\,2 & 0.980\,5 & 0.958\,2 & 0.953\,0 & 0.965\,7 & 1.000\,0 & 0.967\,9 & 0.968\,9 \\ 0.987\,9 & 0.958\,5 & 0.958\,5 & 0.957\,0 & 0.980\,2 & 0.971\,4 & 0.975\,5 & 0.967\,9 & 1.000\,0 & 0.988\,5 \\ 0.990\,9 & 0.950\,6 & 0.950\,6 & 0.958\,0 & 0.983\,8 & 0.978\,4 & 0.975\,1 & 0.968\,9 & 0.988\,5 & 1.000\,0 \end{pmatrix}$$

$$(6-20)$$

专家与专家群体之间的相似度向量为 $\boldsymbol{G} = (9.794\,0, 9.534\,3, 9.751\,2, 9.566\,8,$ $9.759\,7, 9.736\,1, 9.745\,1, 9.648\,5, 9.768\,2, 9.779\,4)^{\mathrm{T}}$。其中，相似度较低的为极端专家意见，需要根据淘汰规则进行排除，即排除相似度较低的专家 e_2、e_4 和 e_8 的意见。将剩余权重取平均值，得到最终权重向量为 $\boldsymbol{W}' = (0.264\,4, 0.261\,1, 0.203\,9,$ $0.143\,4, 0.093\,8, 0.033\,4)$，则温度 S_{31}、湿度 S_{32}、盐雾 S_{33}、气压 S_{34}、振动 S_{35} 和霉菌 S_{36} 的权重分别为 $0.264\,4$、$0.261\,1$、$0.203\,9$、$0.143\,4$、$0.093\,8$ 和 $0.033\,4$。

进一步分析被排除的专家 e_2、e_4 和 e_8，其中专家 e_2 过于注重霉菌的影响，专家 e_4 和 e_8 给予温度和湿度过多考虑。可见本章的这种排除极端意见的方法不是盲目随意的淘汰，而是一种均衡性的考虑以实现对整体意见的把握。

6.7.4　合成评价云

按式(6-9)计算二级评价指标温度 S_{31}、湿度 S_{32}、盐雾 S_{33}、气压 S_{34}、振动 S_{35} 和霉菌 S_{36}，合成后的合成评价云为 $C_{3z}(0.822\,4, 0.059\,1, 0.010\,4)$。

以此类推，逐层向上合成直至得到目标层 S 的合成评价云 $C_z(0.924\,0, 0.062\,6,$ $0.005\,7)$，其中各个评价指标的评价云和权重如表6-3～表6-12所列。

表 6-3　导弹状态

评价对象		权　重	评价云
目标层	导弹状态 S	—	$C_z(0.924\,0, 0.062\,6, 0.005\,7)$
一级评价指标	人力与人员因素 S_1	0.073 4	$C_{1z}(0.855\,6, 0.056\,0, 0.005\,2)$
	装备自身因素 S_2	0.665 0	$C_{2z}(0.956\,9, 0.062\,1, 0.005\,6)$
	环境应力因素 S_3	0.104 4	$C_{3z}(0.822\,4, 0.059\,1, 0.010\,4)$
	管理因素 S_4	0.073 8	$C_{4z}(0.882\,5, 0.070\,8, 0.006\,4)$
	接口因素 S_5	0.083 4	$C_{5z}(0.886\,8, 0.097\,8, 0.006\,0)$

表 6 - 4　人力与人员因素

评价对象		权　重	评价云
一级评价指标	人力与人员因素 S_1	—	$C_{1z}(0.855\,6,0.056\,0,0.005\,2)$
二级评价指标	专业技能 S_{11}	0.202 1	$C_{11}(0.852\,4,0.059\,1,0.005\,4)$
	技术素质 S_{12}	0.215 0	$C_{12}(0.852\,0,0.050\,8,0.004\,9)$
	工作态度 S_{13}	0.193 4	$C_{13}(0.858\,3,0.061\,1,0.005\,3)$
	生理因素 S_{14}	0.185 7	$C_{14}(0.860\,6,0.053\,6,0.004\,4)$
	心理因素 S_{15}	0.203 8	$C_{15}(0.855\,3,0.055\,9,0.005\,8)$

表 6 - 5　装备自身因素

评价对象		权　重	评价云
一级评价指标	装备自身因素 S_2	—	$C_{2z}(0.956\,9,0.062\,1,0.005\,6)$
二级评价指标	可靠性 S_{21}	0.200 9	$C_{21z}(0.957\,4,0.081\,4,0.005\,7)$
	维修性 S_{22}	0.198 3	$C_{22z}(0.960\,0,0.056\,3,0.005\,8)$
	保障性 S_{23}	0.199 7	$C_{23z}(0.966\,1,0.060\,7,0.004\,8)$
	测试性 S_{24}	0.210 7	$C_{24z}(0.949\,9,0.051\,6,0.006\,1)$
	安全性 S_{25}	0.190 4	$C_{25z}(0.951\,3,0.061\,3,0.005\,7)$

表 6 - 6　管理因素

评价对象		权　重	评价云
一级评价指标	管理因素 S_4	—	$C_{4z}(0.882\,5,0.070\,8,0.006\,4)$
二级评价指标	计划 S_{41}	0.211 3	$C_{41}(0.883\,9,0.068\,1,0.006\,6)$
	组织 S_{42}	0.182 9	$C_{42}(0.879\,4,0.087\,3,0.006\,1)$
	协调 S_{43}	0.198 7	$C_{43}(0.899\,2,0.069\,2,0.005\,2)$
	指挥 S_{44}	0.200 7	$C_{44}(0.883\,4,0.059\,9,0.006\,9)$
	控制 S_{45}	0.206 4	$C_{45}(0.867\,1,0.072\,6,0.007\,1)$

表 6 - 7　接口因素

评价对象		权　重	评价云
一级评价指标	接口因素 S_5	—	$C_{5z}(0.886\,8,0.097\,8,0.006\,0)$
二级评价指标	人与装备接口 S_{51}	0.351 9	$C_{51}(0.891\,0,0.096\,2,0.006\,0)$
	人与环境接口 S_{52}	0.337 8	$C_{52}(0.884\,3,0.081\,3,0.005\,7)$
	人与管理接口 S_{53}	0.310 3	$C_{53}(0.882\,9,0.119\,3,0.006\,2)$

表6-8 可靠性

评价对象		权 重	评价云
二级评价指标	可靠性 S_{21}	—	$C_{21z}(0.9574, 0.0814, 0.0057)$
三级评价指标	成熟技术 S_{211}	0.165 2	$C_{211}(0.9569, 0.0881, 0.0056)$
	简化设计 S_{212}	0.159 9	$C_{212}(0.9679, 0.0803, 0.0055)$
	冗余设计 S_{213}	0.178 3	$C_{213}(0.9490, 0.0792, 0.0058)$
	模块化设计 S_{214}	0.159 3	$C_{214}(0.9593, 0.0789, 0.0060)$
	降额设计 S_{215}	0.160 1	$C_{215}(0.9510, 0.0809, 0.0059)$
	热设计 S_{216}	0.177 2	$C_{216}(0.9608, 0.0811, 0.0054)$

表6-9 维修性

评价对象		权 重	评价云
二级评价指标	维修性 S_{22}	—	$C_{22z}(0.9600, 0.0563, 0.0058)$
三级评价指标	可达性 S_{221}	0.110 3	$C_{221}(0.9601, 0.0541, 0.0055)$
	互换性与标准化 S_{222}	0.111 9	$C_{222}(0.9403, 0.0553, 0.0057)$
	防差错及识别标志 S_{223}	0.095 3	$C_{223}(0.9681, 0.0554, 0.0069)$
	维修安全 S_{224}	0.110 7	$C_{224}(0.9467, 0.0560, 0.0049)$
	检测诊断 S_{225}	0.109 5	$C_{225}(0.9688, 0.0571, 0.0050)$
	维修人素工程 S_{226}	0.113 8	$C_{226}(0.9713, 0.0552, 0.0061)$
	零部件可修复性 S_{227}	0.117 2	$C_{227}(0.9576, 0.0597, 0.0059)$
	减少维修内容 S_{228}	0.131 8	$C_{228}(0.9711, 0.0583, 0.0058)$
	降低维修技能 S_{229}	0.099 5	$C_{229}(0.9542, 0.0537, 0.0063)$

表6-10 保障性

评价对象		权 重	评价云
二级评价指标	保障性 S_{23}	—	$C_{23z}(0.9661, 0.0607, 0.0048)$
三级评价指标	装备系统原则性要求 S_{231}	0.342 8	$C_{231}(0.9667, 0.0611, 0.0044)$
	装备保障性设计要求 S_{232}	0.334 4	$C_{232}(0.9597, 0.0609, 0.0051)$
	保障系统及其资源要求 S_{233}	0.322 8	$C_{233}(0.9720, 0.0601, 0.0048)$

表 6 - 11　测试性

评价对象		权　重	评价云
二级评价指标	测试性 S_{24}	—	$C_{24z}(0.949\,9,0.051\,6,0.006\,1)$
三级评价指标	测试可控性 S_{241}	0.335 7	$C_{241}(0.950\,1,0.051\,0,0.006\,2)$
	测试观测性 S_{242}	0.350 7	$C_{242}(0.949\,9,0.052\,7,0.006\,0)$
	被测单元与测试设备兼容性 S_{243}	0.313 6	$C_{243}(0.949\,6,0.050\,9,0.006\,1)$

表 6 - 12　安全性

评价对象		权　重	评价云
二级评价指标	安全性 S_{25}	—	$C_{25z}(0.951\,3,0.061\,3,0.005\,7)$
三级评价指标	管理 S_{251}	0.329 7	$C_{251}(0.950\,6,0.061\,0,0.005\,7)$
	人素工程 S_{252}	0.331 8	$C_{252}(0.956\,3,0.063\,8,0.006\,0)$
	健康保障 S_{253}	0.338 5	$C_{253}(0.947\,2,0.059\,2,0.005\,4)$

6.7.5　云相似度及结果的判定

目标层 S 的合成评价云 C_z 及各个等级云 $T_y(y=1,2,3,4)$ 如图 6 - 11 所示。由云滴的分布情况可以看出,导弹状态的最终评估结果处于"优"和"良"等级之间,但是很难判断更偏向于其中哪一个,因此通过计算合成评价云与各个状态等级云之间的云相似度辅助判断。

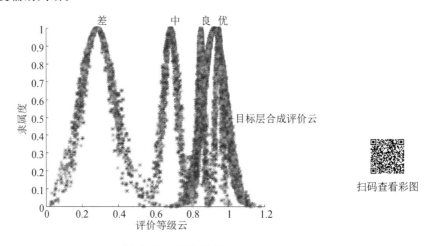

扫码查看彩图

图 6 - 11　评估结果云图

为了更好地说明 HEECM 方法的优越性,分别采用 SCM 法、LICM 法、ECM 法和 MCM 法进行对照,计算出的相应的相似度如表 6 - 13 所列,其中 SCM 法共进行了 30 次重复试验,取平均值作为距离的最终结果。

表 6 – 13　不同方法云相似度结果对比

云相似度	SCM (距离)	LICM	HEECM			
			$k = 0$（ECM）	$k = 3$（MCM）	$k = -3$	最终结果
$\gamma(C_z, T_1)$	0.713 2	0.998 78	0.426 2	0.580 1	0.069 6	0.358 0
$\gamma(C_z, T_2)$	0.784 9	0.998 77	0.271 0	0.429 5	0.029 2	0.243 2
$\gamma(C_z, T_3)$	0.891 9	0.999 92	0.019 2	0.103 2	0.000 054	0.040 8
$\gamma(C_z, T_4)$	0.913 6	0.967 09	0.000 048	0.003 0	8.032×10^{-11}	0.001 0

从表中可以看出,4 种方法得到的相似度结果在变化趋势、稳定性和区分度上不尽相同:

① SCM 法的结果与云滴的数量、随机选取及试验次数有关,主观性和随机性较强,导致了结果的不稳定性。而 ECM、MCM 和 HEECM 法基于固定的曲线计算面积,稳定性更好。此外,SCM 法的时间复杂度与选取的云滴数呈现指数关系,随着云滴数的增加,复杂度"爆炸式"地增加。相比之下,ECM、MCM 和 HEECM 法无须选取云滴,时间复杂度为常数。

② LICM 法的稳定性较好,但是区分度仅有 0.001%,而其他 3 种方法的区分度均在 30% 以上,LICM 法结果之间的可比性很差。此外,LICM 法甚至产生了合成评价云 C_z 与"中"评价等级云 T_3 的相似度最高的错误结论。这是由于 5 个云模型的熵和超熵普遍不足期望的 10%,向量中期望分量占主导,在空间坐标系中向量之间接近于相互重叠,夹角几乎为 0,计算向量间夹角余弦值时,熵和超熵分量的影响被严重弱化,使得余弦值差异不明显。

③ 在 HEECM 法中,当 $k = 0$、3、-3 时,分别反映的是以宏观的"骨架"云模型期望曲线(ECM 法)、最外侧边界曲线(MCM 法)和最内侧边界曲线作为衡量基准曲线时的相似度,稳定度和区分度均令人满意。并且随着 k 值的增加,相似度计算结果逐渐增大,这是因为 k 值反映的是超熵的影响,k 值的增加对应云的整体离散程度的增大。

需要注意的是,HEECM 计算出的相似度值普遍不是很高,最大相似度在 0.6 左右,当 $k = -3$ 时,最大相似度甚至均不足 0.1。SCM 法和 LICM 法的最大相似度在 0.9 以上,这并不是说明 C_z 与 4 个评价等级云 T_y($y = 1, 2, 3, 4$)均不相似,而是由于 5 个云模型本身概念就比较明确,熵和超熵很小,衡量基准曲线更"陡峭",交叉面积很小,相似度较低。当 $k = -3$ 时,衡量基准曲线都很"窄",交叉面积偏小,相似度更接近于 0;当 $k = 3$ 时,衡量基准曲线都比较"宽",交叉面积偏大,相似度偏大。求平均值的方式可以在一定程度上缓解这种形势。

最后将 HEECM 法计算的相似度进行标准化处理,最终判定导弹的状态为"优"(55.72%)、"良"(37.79%)、"中"(6.34%)、"差"(0.15%)。该导弹最终的状态不仅与一级、二级、三级评估指标的状态相符,而且与前文所述的基于改进证据理论方法、基于贝叶斯方法及基于 LDA - KPCA 方法进行导弹状态定量评估的结果一致。这说明本章构建的评估模型不仅提高了各类状态信息的利用率,而且实现了导弹状态定性和定量评估的有机结合,可多角度、多方面地实现导弹状态的科学评估。

6.8 本章小结

本章针对在导弹状态定性评估中应用传统云模型时存在的缺陷问题,提出一种改进的云模型,实现了对导弹状态的定性评估,主要结论如下:

① 定性评语的云化过程中,根据专家给出的数值区间与最终设定数值区间的差异度定义超熵,避免了人为指定的随意性和盲目性问题。

② 指标评价云的构造过程中,引入德尔菲法的思想,结合可视化的云图中云滴的凝聚情况,判断专家组意见的分歧程度,逐步寻优直至得到统一意见,消除了人为偏好的影响。

③ 指出并改进了传统 AHP 法的不足,借助聚类分析的思想排除了极端专家意见的影响,凸显出专家群体的主导意见。而且通过设置一个 AHP 自动调整器,省去了一致性检验工作。

④ 针对常规云重心法和云相似度法判别评估结果时暴露出的问题,设计并提出了一种基于含超熵期望曲线簇的云相似度度量方法量化表征导弹与状态等级的隶属关系。从几何特征的角度切入,分别通过期望曲线、最外侧边界曲线和最内侧边界曲线的交叉面积描述云模型的相似度,实现了宏观与微观、整体与局部的有机结合,考虑更加全面,减小了误差,结果更令人信服。与其他云相似度求解方法的对比结果验证了本章设计方法的优势。

第7章 基于性能退化数据与故障数据的导弹竞争故障状态预测

7.1 引 言

测试数据与故障数据是导弹状态数据中较为重要的数据信息,由于导弹采取定期检测的方式,其测试数据在一定程度上反映了导弹的性能退化情况,因而本章中的性能退化数据主要是指定期测试数据。性能退化数据与故障数据均在一定程度上反映了导弹的状态情况,且服从不同的分布规律,因此对贮存状态下整批导弹的故障状态进行预测时,可在抽样的基础上,利用样本的性能退化数据和故障数据统计推断总体的分布类型,得到其相应的分布规律,进而根据性能退化数据和故障数据的分布规律建立导弹的故障预测模型。贮存状态下的导弹通常具有退化故障和突发故障两种故障模式。退化故障是指导弹在贮存过程中规定的性能随时间的推移不断衰退并最终超出阈值而产生的故障,该类故障通常具有一定的延时性,可通过对性能特征参数的检测进行预防。突发故障是指导弹突然发生功能丧失,例如部件破坏、电容爆浆及违规操作导致的装备损伤等,该类故障通常发生得较为突兀,且具有一定的破坏性与突然性,因此难以通过对性能特征参数的早期检测进行预防。导弹在贮存过程中性能状态不断退化,突发故障可能发生也可能不发生,即导弹的故障是由退化故障和突发故障竞争导致的。

目前,大部分文献在对竞争故障问题进行分析研究时,大都假设突发故障与退化故障不相关,且在建立竞争故障模型时仅考虑一种突发故障和单一退化量的单边退化,对于含有多元退化量的竞争故障问题少有涉及。通常,导弹随着性能退化程度的增加其发生突发故障的概率越来越大,因此有必要考虑突发故障与退化故障的相关性。导弹的性能退化过程是由多个退化量共同导致的,若仅考虑单一退化量建立导弹竞争故障预测模型则过于简单。针对上述问题,本章基于导弹退化特性建立了具有多元退化量的导弹竞争故障预测模型。在模型参数求解过程中,针对导弹性能退化数据分布参数存在小样本、非线性等特点,运用 LS - SVM 预测算法对性能退化数据的分布参数进行了预测;考虑退化量与突发故障的相关性,运用位置-尺度模型分析了退化量与突发故障的关系,进而求解出突发故障与退化量的相关参数。

7.2　导弹退化与突发竞争故障预测

导弹在贮存过程中,突发故障与退化故障均可能发生。通常,导弹在贮存伊始其性能就不可避免地逐渐退化,而突发故障在导弹性能退化过程中则有可能发生,即导弹的故障是不同故障模式间竞争的结果。

7.2.1　导弹竞争故障预测模型

设导弹有 n 个性能特征参数,第 $i(i=1,\cdots,n)$ 个性能特征参数对应的退化量、退化上阈值和退化下阈值分别记为 $x_i(t)$、U_i 和 L_i。在 t 时刻对导弹进行了一次测试,其退化量 $x_i(t)$ 的分布函数为 $G(x,\boldsymbol{\beta}_i)$(其中$\boldsymbol{\beta}_i=(\beta_1,\beta_2,\cdots,\beta_k)$ 为该分布的参数向量),对应的概率密度函数 $g(x,\boldsymbol{\beta}_i)$ 可表示为

$$g(x,\boldsymbol{\beta}_i)=\frac{\partial G(x,\boldsymbol{\beta}_i)}{\partial x} \tag{7-1}$$

所有性能特征参数的退化量均由工业部门给出阈值范围和标准值,若超出阈值则可判定为故障。记 T_s^i 为第 i 个性能特征参数发生退化故障的时间,则第 i 个性能特征参数在 t 时刻的退化故障概率可表示为

$$
\begin{aligned}
F_s^i(t) &= P(T_s^i \leqslant t)\\
&= P((X_i > U_i) \bigcup (X_i < L_i))\\
&= [1-G(U_i,\boldsymbol{\beta}_i)]+G(L_i,\boldsymbol{\beta}_i)\\
&= \left[1-\int_{-\infty}^{U_i} g(x,\boldsymbol{\beta}_i)\mathrm{d}x\right]+\int_{-\infty}^{L_i} g(x,\boldsymbol{\beta}_i)\mathrm{d}x
\end{aligned}
\tag{7-2}
$$

考虑到导弹具有 n 个性能特征参数,任一参数的退化故障均会引起导弹故障,因而导弹的退化故障可看作由 n 个性能特征参数的退化故障竞争导致的。假设各性能特征参数间相互独立,则导弹在 t 时刻的退化故障概率可表示为

$$
\begin{aligned}
F_s(t) &= P(T_s^1 \leqslant t \bigcup T_s^2 \leqslant t \bigcup \cdots \bigcup T_s^n \leqslant t)\\
&= P([(x_1 > U_1) \bigcup (x_1 < L_1)] \bigcup \cdots \bigcup [(x_n > U_n) \bigcup (x_n < L_n)])\\
&= 1 - P([L_1 < x_1 < U_1] \bigcap \cdots \bigcap [L_1 < x_n < U_1])\\
&= 1 - \prod_{i=1}^{n} P(L_i < x_i < U_i)\\
&= 1 - \prod_{i=1}^{n} \int_{L_i}^{U_i} g(x,\boldsymbol{\beta}_i)\mathrm{d}x
\end{aligned}
\tag{7-3}
$$

突发故障不仅与时刻 t 有关,还与 t 时刻某性能特征参数的退化量 $x_i(t)$ 相关。

假设导弹所有退化量均与突发故障相关,只是影响突发故障的程度不同。

　　记 T_h 为导弹发生突发故障的时间,$\lambda^i(t,x)$ 为与退化量 $x_i(t)$ 相关时 T_h 的失效率函数,则 T_h 的可靠度函数可表示为

$$R_h(t\mid x)=P(T_h>t\mid x_i)=\exp\Bigl(-\int_0^t\lambda^i(\tau,x)\mathrm{d}\tau\Bigr) \qquad (7-4)$$

导弹在 t 时刻的突发故障概率可表示为

$$F_h(t\mid x)=P(T_h\leqslant t\mid x_i)=1-R_h(t\mid x)=1-\exp\Bigl(-\int_0^t\lambda^i(\tau,x)\mathrm{d}\tau\Bigr)$$

$$(7-5)$$

　　导弹故障是突发故障与退化故障竞争的结果,根据以上分析,导弹在 t 时刻的竞争故障概率可表示为

$$
\begin{aligned}
F(t)&=P(T\leqslant t)\\
&=P(T_h\leqslant t\bigcup T_s^1\leqslant t\bigcup T_s^2\leqslant t\bigcup\cdots\bigcup T_s^n\leqslant t)\\
&=1-P(T_h>t,[L_1<x_1<U_1]\bigcap\cdots\bigcap[L_n<x_n<U_n])\\
&=1-\prod_{i=1}^n\int_{L_i}^{U_i}R_h(t\mid x)\mathrm{d}G(x,\boldsymbol{\beta}_i)\\
&=1-\prod_{i=1}^n\int_{L_i}^{U_i}\Bigl[\exp\Bigl(-\int_0^t\lambda^i(\tau,x)\mathrm{d}\tau\Bigr)g(x,\boldsymbol{\beta}_i)\Bigr]\mathrm{d}x \qquad (7-6)
\end{aligned}
$$

　　若不考虑导弹退化故障与突发故障的相关性,假设二者相互独立,则式(7-6)可变为

$$
\begin{aligned}
F(t)&=P(T\leqslant t)\\
&=P((T_h\leqslant t\bigcup T_s^1\leqslant t\bigcup T_s^2\leqslant t\bigcup\cdots\bigcup T_s^n\leqslant t)\\
&=1-P(T_h>t)\cdot P([L_1<x_1<U_1]\bigcap\cdots\bigcap[L_n<x_n<U_n])\\
&=1-R_h(t)\prod_{i=1}^n\int_{L_i}^{U_i}g(x,\boldsymbol{\beta}_i)\mathrm{d}x\\
&=1-\exp\Bigl(-\int_0^t\lambda(\tau)\mathrm{d}\tau\Bigr)\prod_{i=1}^n\int_{L_i}^{U_i}g(x,\boldsymbol{\beta}_i)\mathrm{d}x \qquad (7-7)
\end{aligned}
$$

　　由式(7-7)可以看出,此时导弹竞争故障预测模型就变为可靠性领域中的串联模型。

　　在导弹实际贮存或使用过程中,使用单位可能会关注具体哪种故障模式更易导致导弹故障或该故障模式发生概率的大小,现对具体某一故障模式导致导弹故障的

概率模型进行分析，对于退化故障有

$$T = \min(T_h, T_s) = T_s \qquad (7-8)$$

由退化故障模式导致导弹故障的概率为

$$
\begin{aligned}
F^{(s)}(t) &= P(T \leqslant t) \\
&= P(T_s \leqslant t, T_h > t) \\
&= P(T_s^1 \leqslant t \bigcup T_s^2 \leqslant t \bigcup \cdots \bigcup T_s^n \leqslant t, T_h > t) \\
&= P\big([(x_1 > U_1) \bigcup (x_1 < L_1)] \bigcup \cdots \\
&\quad \bigcup [(x_n > U_n) \bigcup (x_n < L_n)], T_h > t \big) \\
&= \sum_{i=1}^{n} \left\{ \left[1 - \int_{-\infty}^{U_i} R_h(t \mid x) g(x, \boldsymbol{\beta}_i) \mathrm{d}x \right] + \int_{-\infty}^{L_i} R_h(t \mid x) g(x, \boldsymbol{\beta}_i) \mathrm{d}x \right\} \\
&= \sum_{i=1}^{n} \left[1 - \int_{L_i}^{U_i} R_h(t \mid x) g(x, \boldsymbol{\beta}_i) \mathrm{d}x \right] \qquad (7-9)
\end{aligned}
$$

若由突发故障模式导致导弹故障，则

$$T = \min(T_h, T_s) = T_h \qquad (7-10)$$

$$
\begin{aligned}
F^{(h)}(t) &= P(T \leqslant t) \\
&= P(T_s > t, T_h \leqslant t) \\
&= P(T_s^1 > t \bigcap T_s^2 > t \bigcap \cdots \bigcap T_s^n > t, T_h \leqslant t) \\
&= P\big([L_1 < x_1 < U_1] \bigcap \cdots \bigcap [L_n < x_n < U_n], T_h > t \big) \\
&= \prod_{i=1}^{n} \int_{L_i}^{U_i} (1 - R_h(t \mid x)) \mathrm{d}G(x, \boldsymbol{\beta}_i) \qquad (7-11)
\end{aligned}
$$

7.2.2　导弹竞争故障预测流程

由导弹竞争故障预测模型可知，对贮存状态下的导弹进行竞争故障预测时，首先通过数理统计的方法分别确定性能退化数据与突发故障数据的分布规律；其次利用最小二乘支持向量机(Least Squares Support Vector Machine，LS-SVM)对退化故障预测模型中的未知参数进行预测，确定下一阶段性能退化数据分布函数的具体表达式；然后，考虑突发故障与退化量的相关性，引入位置-尺度模型求解出突发故障预测模型的未知参数；最后利用式(7-6)建立导弹竞争故障预测模型，对导弹退化与突发竞争故障概率进行预测。导弹竞争故障状态预测具体流程如图 7-1 所示。

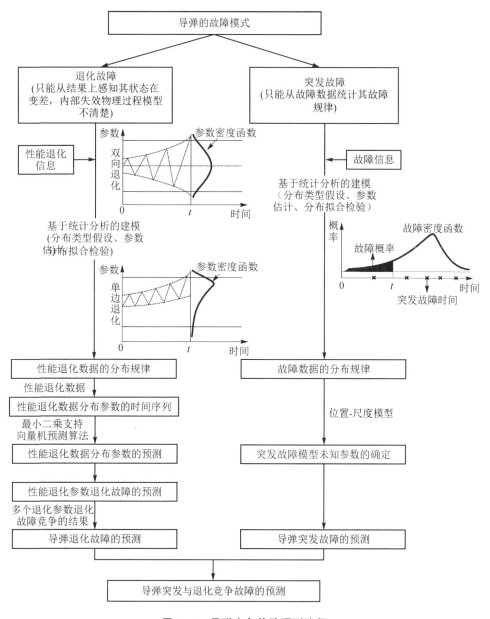

图 7 - 1　导弹竞争故障预测流程

7.3　数据分布类型的确定

　　基于工程经验对性能退化数据与突发故障数据的可能分布类型做出假设后,为判断假设是否成立,还须进行相应的检验。假设检验通常可以分为参数检验和非参数检验两种,前者是指在总体分布已确定的前提下对假设参数进行的检验,后者是指对其他假设情况进行的检验。考虑到导弹性能退化数据与突发故障数据的分布类型未知,需要根据工程经验做出假设,并根据样本数据进行相应检验,因而本章涉及的假设检验应为非参数检验。

分布拟合检验是目前较为常用的非参数检验方法,主要有 χ^2 拟合检验、概率纸检验、Колмогоров 检验、Wilcoxon 秩和检验、Shapiro - Wilk W 检验和 Agostino's D 检验等。其中概率纸检验方法主要依靠直观观察,大多为定性分析,判断结果往往因人而异,不够精确;Колмогоров 检验在总体为一维已知分布的情况下,相对于 χ^2 检验更有优势;Wilcoxon 秩和检验主要用于检验两个总体是否服从同一分布,不能直接应用于本章涉及的单样本分布拟合问题;Shapiro - Wilk W 检验和 Agostino's D 检验均为正态性检验且已被定为国家标准。

7.3.1 性能退化数据的分布类型

对于性能退化数据,假设其分布函数 $G(x,\boldsymbol{\beta})$ 的分布类型与时间 t 无关,只是参数向量 $\boldsymbol{\beta}$ 随时间 t 的变化而改变,则 $G(x,\boldsymbol{\beta})$ 可看作 $\boldsymbol{\beta}$ 与时间 t 的函数,可表示为 $G(x,\boldsymbol{\beta}(t))$。因此,若得到了分布函数 $G(x,\boldsymbol{\beta}(t))$ 的分布类型,并通过性能退化数据预测得到了未来某一时刻 $\boldsymbol{\beta}(t)$ 的预测值 $\hat{\boldsymbol{\beta}}$,即可得到该时刻性能退化数据的分布函数 $G(x,\hat{\boldsymbol{\beta}})$。在确定 $G(x,\boldsymbol{\beta}(t))$ 的分布类型时,可首先基于工程经验假设其可能的分布类型,然后对做出的假设进行分布拟合检验,最终确定出 $G(x,\boldsymbol{\beta}(t))$ 的分布类型。

双向退化与单边退化是导弹性能特征参数的两种主要退化趋势。双向退化通常是指性能特征参数的性能退化数据随着导弹贮存时间的增长其波动性变大,具体表现为性能退化数据的方差变大;单边退化通常是指性能特征参数的性能退化数据随着导弹贮存时间的增长而具有逐渐向阈值不断靠近的趋势,具体表现为性能退化数据的均值远离规定阈值的程度变小。综合考虑双向退化与单边退化,工程上通常假定导弹的性能退化数据服从正态分布 $N(x;\mu,\sigma^2)$,相应的密度函数为

$$g(x;\mu,\sigma) = \frac{1}{\sqrt{2\pi}\sigma}\exp\left(-\frac{(x-\mu)^2}{2\sigma^2}\right) \quad -\infty < x < \infty \qquad (7-12)$$

式中, μ 和 σ^2 分别表示 t 时刻性能退化数据的均值和方差,性能退化数据的分布参数向量 $\boldsymbol{\beta}=(\mu,\sigma^2)$,易知, $\boldsymbol{\beta}$ 与时间 t 相关。对导弹性能退化数据分布类型的检验就变为一个正态性检验过程,可利用样本 $(X_1,X_2,\cdots,X_n)$ 对总体的分布是否服从 $N(\mu,\sigma^2)$ 进行检验。

Shapiro - Wilk W 检验和 D'Agostino D 检验均为正态性检验且已被定为国家标准。W 检验是 Shapiro 与 Wilk 于 1965 年提出的,要求样本容量 n 在 3～50 范围

内,而 D 检验是 1971 年由 D'Agostino 提出的,要求 n 在 $50\sim1\,000$ 范围内。考虑到使用单位实际贮存的导弹数量及 W 检验在处理小样本正态性检验中的优越性,本章采用 W 检验对导弹性能退化数据的假设分布类型进行检验。

W 检验的问题可表示为

H_0:总体服从正态分布;H_1:总体不服从正态分布。

下面给出 W 检验的主要实施步骤:

步骤一:将样本 $X_1,X_2,\cdots,X_n$ 从小到大排列成:

$$X_{(1)} \leqslant X_{(2)} \leqslant \cdots \leqslant X_{(n)}$$

步骤二:利用下式计算统计量 W。

$$W = \frac{\sum_{k=1}^{\left[\frac{n}{2}\right]} \{a_k(W)[X_{(n+1-k)} - X_{(k)}]\}^2}{\sum_{k=1}^{n} (X_{(k)} - \overline{X})^2} \tag{7-13}$$

式中,$a_k(W)$ 的值可根据 n 值查表获得。

步骤三:在给定显著性水平 α 与样本容量 n 下,通过查表可得 $W_{n,\alpha}$。

步骤四:得出结论。若 $W < W_\alpha$,则拒绝 H_0,否则接受 H_0。

现对式(7-13)中系数的意义与所选判断域进行分析。

设 $(Z_1,Z_2,\cdots,Z_n)$ 为 $N(0,1)$ 中的样本,$(Z_{(1)},Z_{(2)},\cdots,Z_{(n)})$ 为其对应的顺序统计量。令 $c_k = \mathrm{E}Z_{(k)}$ $(k=1,2,\cdots,n)$,$c=(c_1,c_2,\cdots,c_n)'$,则有

若 n 为偶数,则

$$-c_k = c_{n+1-k} \qquad k=1,2,\cdots,\frac{n}{2} \tag{7-14}$$

若 n 为奇数,则

$$-c_k = c_{n+1-k} \qquad k=1,2,\cdots,\frac{n}{2} \qquad c_{\frac{n+1}{2}} = 0 \tag{7-15}$$

事实上:

$$a_k(W) = -\frac{c_k}{\|c\|} \qquad k=1,2,\cdots,\left[\frac{n}{2}\right] \qquad \|c\| = (c'c)^{\frac{1}{2}} \tag{7-16}$$

记 $Y_k = X_{(k)}$,$k=1,2,\cdots,n$;$Y=(Y_1,\cdots,Y_n)'$。若接受 H_0,即 $(X_1,X_2,\cdots,X_n)$ 来自正态总体 $N(\mu,\sigma^2)$ 时,有

$$\mathrm{E}Y = \mu\mathbf{1} + \sigma c \tag{7-17}$$

式中,$\mathbf{1}=(1,\cdots1)'$ 为各元素均为 1 的 n 维向量。则 W 可表示为

$$W = \frac{Y' \dfrac{cc'}{\|c\|^2} Y}{Y'\left(I_n - \dfrac{\mathbf{1}\mathbf{1}'}{n}\right)Y} \tag{7-18}$$

由式(7-14)和式(7-15)可知 $\mathbf{1}'\boldsymbol{c}=\boldsymbol{c}'\mathbf{1}=0$，因此有

$$\left(I_n-\frac{\mathbf{1}\mathbf{1}'}{n}\right)\frac{\boldsymbol{c}\boldsymbol{c}'}{\|\boldsymbol{c}\|^2}=\frac{\boldsymbol{c}\boldsymbol{c}'}{\|\boldsymbol{c}\|^2}\left(I_n-\frac{\mathbf{1}\mathbf{1}'}{n}\right)=\frac{\boldsymbol{c}\boldsymbol{c}'}{\|\boldsymbol{c}\|^2} \tag{7-19}$$

从而可得 $W\leqslant 1$。若接受 H_0，则式(7-17)成立，此时：

$$\frac{(EY)'\dfrac{\boldsymbol{c}\boldsymbol{c}'}{\|\boldsymbol{c}\|^2}(EY)}{(EY)'\left(I_n-\dfrac{\mathbf{1}\mathbf{1}'}{n}\right)(EY)}=\frac{(\mu\mathbf{1}+\sigma\boldsymbol{c})'\dfrac{\boldsymbol{c}\boldsymbol{c}'}{\|\boldsymbol{c}\|^2}(\mu\mathbf{1}+\sigma\boldsymbol{c})}{(\mu\mathbf{1}+\sigma\boldsymbol{c})'\left(I_n-\dfrac{\mathbf{1}\mathbf{1}'}{n}\right)(\mu\mathbf{1}+\sigma\boldsymbol{c})}=1$$

$$\tag{7-20}$$

因此，若 H_0 成立，则 W 的值应较大。即在显著性水平 α 下，若 $W<W_\alpha$，拒绝 H_0，否则就接受 H_0。

7.3.2 突发故障数据的分布类型

贮存状态下导弹的突发故障数据通常可表现为导弹出现突发故障的时间。由于导弹在贮存过程中是否会发生突发故障无法确定，即突发故障时间可看作随机变量，因而可假设导弹的突发故障时间 t 服从一维分布 $F(t,\boldsymbol{v})$，$\boldsymbol{v}=(\nu_1,\nu_2,\cdots,\nu_k)$ 为参数向量，且其一维密度函数 $f(t,\boldsymbol{v})$ 存在，则有

$$f(t,\boldsymbol{v})=\frac{\partial F(t,\boldsymbol{v})}{\partial t} \tag{7-21}$$

分析密度函数的相关特性与突发故障数据的物理意义可知，对于任意时间 t，$f(t,\boldsymbol{v})$ 满足 $\displaystyle\int_0^{+\infty}f(t,\boldsymbol{v})\mathrm{d}t=1$。

由于分布 $F(t,\boldsymbol{v})$ 的自变量 t 表示导弹历次测试发生突发故障的时间，因此基于突发故障数据确定的分布参数向量 $\boldsymbol{v}$ 应是与时间无关的固定值。若得到了 $F(t,\boldsymbol{v})$ 的分布类型，且根据突发故障数据计算确定出参数向量 $\boldsymbol{v}$ 的值，即可得到突发故障数据的分布函数 $F(t,\hat{\boldsymbol{v}})$。考虑到 $F(t,\boldsymbol{v})$ 的分布类型未知，因而需要首先基于工程经验假设其可能的分布类型，如指数分布、Γ 分布、Weibull 分布等；然后对其假设分布中相关参数进行估计以得到 $F(t,\boldsymbol{v})$ 的具体表达式；最后对假设分布进行分布拟合检验，以判断假设是否成立。

Weibull 分布是基于串联模型和最弱环原理提出的，近年来在装备可靠性领域得到了迅猛发展，其在表示产品故障方面具有很强的适应性与灵活性，常用来表征电子部件故障的指数分布，即 Weibull 分布的一种特殊形式。因而，本章根据相关工程经验假设突发故障数据服从 Weibull 分布，其分布密度函数与可靠度函数分别如下：

$$f(t;\eta,m)=\left(\frac{m}{\eta}\right)\left(\frac{t}{\eta}\right)^{m-1}\exp\left[-\left(\frac{t}{\eta}\right)^m\right] \qquad t>0 \tag{7-22}$$

$$R(t;\eta,m)=\exp\left[-\left(\frac{t}{\eta}\right)^{m}\right] \qquad t>0 \qquad (7-23)$$

式中,η 为尺度参数,主要作用是放大或缩小分布密度曲线;m 为形状参数,主要作用是控制分布密度曲线的基本形状,是 Weibull 分布中的关键参数。

对导弹突发故障数据的分布类型作出假设后,可认为突发故障数据的分布类型已然确定,只是分布函数中的相关分布参数有待求解,此时即可基于样本数据来估计待求解的分布参数。导弹一旦发生故障,使用部队通常对其进行修复性维修,因而历次测试的样品总数基本固定,该过程即可当作一个有替换的定时截尾试验。为得到分布参数的估计量,下面采用极大似然估计法对相关分布参数进行估计。

设导弹突发故障时间 $T\sim\text{Weibull}(\eta,m)$,$T_1,T_2,\cdots,T_n$ 为来自总体 T 的 n 个独立的样本,则其似然函数可表示为

$$L(\eta,m)=\prod_{i=1}^{n}f(t_i;\eta,m)=\prod_{i=1}^{n}\left(\frac{m}{\eta}\right)\left(\frac{t_i}{\eta}\right)^{m-1}\exp\left[-\left(\frac{t_i}{\eta}\right)^{m}\right]$$

$$=\frac{m^n}{\eta^{nm}}\left(\prod_{i=1}^{n}x_i\right)^{m-1}\cdot\exp\left[-\sum_{i=1}^{n}\left(\frac{t_i}{\eta}\right)^{m}\right] \qquad (7-24)$$

对数似然函数可表示为

$$\ln L=n\ln m-nm\ln\eta+(m-1)\sum_{i=1}^{n}\ln t_i-\sum_{i=1}^{n}\left(\frac{t_i}{\eta}\right)^{m} \qquad (7-25)$$

对式(7-25)中的 η 与 m 分别求偏导并令其等于 0,则有

$$\begin{cases}\dfrac{\partial\ln L}{\partial m}=\dfrac{n}{m}-n\ln\eta+\sum_{i=1}^{n}\ln t_i-\sum_{i=1}^{n}\left(\dfrac{t_i}{\eta}\right)^{m}\ln\dfrac{t_i}{\eta}=0\\[3mm]\dfrac{\partial\ln L}{\partial\eta}=-\dfrac{nm}{\eta}+\sum_{i=1}^{n}\left(\dfrac{t_i}{\eta}\right)^{m}\dfrac{m}{\eta}=0\end{cases} \qquad (7-26)$$

对方程组(7-26)求解即可得到尺度参数 η 与形状参数 m 的估计值 $\hat{\eta}$ 与 $\hat{m}$。

对假设的导弹突发故障数据分布类型进行分布拟合检验时,考虑到概率纸检验精度不高、Копмогоров 检验在总体为一维已知分布的情况下相对于 χ^2 检验更有优势,因此本章采用 Копмогоров 检验法对假设的导弹突发故障数据分布类型进行检验。

(1) Копмогоров 检验

考虑检验假设:

$$H_0:F(x)=F_0(x)$$

式中,$F_0(x)$ 为完全已知的连续型分布函数。

在样本量 n 足够大的情况下,经验分布函数 $F_n(x)$ 与总体分布函数 $F(x)$ 应较为接近。因此,若 H_0 成立且 n 较大,则 $F_n(x)$ 与 $F_0(x)$ 的差距应较小。针对上述分析,俄国数学家 Копмогоров 采用统计量

$$D_n = \sup_{-\infty < x < \infty} \left| F_n(x) - F_0(x) \right|$$

作为 H_0 的检验统计量,并推导出了 D_n 的准确分布和 $\sqrt{n}D_n$ 的极限分布 $Q(z)$。

考虑到 $F_n(x)$ 和 $F_0(x)$ 均为 x 的单调非降函数,偏差 $\left| F_n(x) - F_0(x) \right|$ 的上确界应在 n 个点 $X_{(i)}$ 处,即

$$d_i = \max \left\{ \left| F_0(X_{(i)}) - \frac{i-1}{n} \right|, \left| \frac{i}{n} - F_0(X_{(i)}) \right| \right\} \qquad (7-27)$$

式中,最大的 $d_i (i=1,2,\cdots,n)$ 即为 Копмогоров 检验统计量 D_n 的取值,可表示为

$$D_n = \max\{d_1, d_2, \cdots, d_n\} \qquad (7-28)$$

当 $F_n(x)$ 和 $F_0(x)$ 具有较好的拟合关系时,D_n 的值应较小;当 $F_n(x)$ 和 $F_0(x)$ 不具有较好的拟合关系时,D_n 的值则应较大。

因此,在确定的显著性水平 α 下,Копмогоров 检验规则为:若 $D_n > D_{n,\alpha}$,则拒绝 H_0,否则接受 H_0。当 $n < 100$ 时,$D_{n,\alpha}$ 的值可通过查询 Копмогоров 临界值表获取。

若样本 $X_1, X_2, \cdots, X_n$ 中不存在重复数据,则可按式(7-27)和式(7-28)确定 D_n 的值;若样本 $X_1, X_2, \cdots, X_n$ 中存在重复数据,则可按下述方法处理:

按升序重新排列样本 $X_1, X_2, \cdots, X_n$,重复数据进行合并处理,即

$$X_{(1)} < X_{(2)} < \cdots < X_{(m)} \qquad 1 \leqslant m \leqslant n$$

设 n_i 表示相应 $X_{(i)}$ 在样本中的个数,则可得

$$n_i \geqslant 1 \qquad n_1 + n_2 + \cdots + n_m = n$$

$$F_n(X_{(i)}) = \frac{n_1 + n_2 + \cdots + n_{i-1}}{n} \qquad i = 1, 2, \cdots, m$$

式中,$F_n(X_{(m+1)}) = 1$。

令

$$d_i = \max\{ \left| F_0(X_{(i)}) - F_n(X_{(i)}) \right|, \left| F_n(X_{(i+1)}) - F_0(X_{(i)}) \right| \} \qquad i = 1, 2, \cdots, m$$

$$(7-29)$$

此时

$$D_n = \max\{d_1, d_2, \cdots, d_m\} \qquad (7-30)$$

(2) Weibull 分布检验

设对抽样选取的 n 个导弹进行了 m 次测试,$r_i (i=1,\cdots,n)$ 表示在每次测试过程中导弹出现突发故障的个数,则导弹的突发故障时间可表示为 $T_{ij} (i=1,\cdots,n; j=1,2,\cdots,m)$,因此判断导弹的突发故障时间是否服从 Weibull 分布,即为利用基于测试获得的突发故障时间样本 $T_1, T_2, \cdots, T_p (p \leqslant nm)$(若存在重复数据,则可进行合并处理)来判断总体的分布是否服从 Weibull 分布。考虑到 Weibull 分布函数 $F_0(t) = 1 - \exp\left[-\left(\frac{t}{\eta} \right)^m \right], t > 0$ 中含有未知的尺度参数 η 和形状参数 m,不能直接

用 Колмогоров 统计量 D_n 来检验,因此采用极大似然估计 $\hat{\eta}$ 和 $\hat{m}$ 进行代替,则需要进行检验的假设变为

$$H_0: F(t) = F_0(t; \hat{\eta}, \hat{m}) = 1 - \exp\left[-\left(\frac{t}{\hat{\eta}}\right)^{\hat{m}}\right] \qquad t > 0$$

类似于 Колмогоров 统计量,这里可表示为

$$\hat{D}_n = \sup_{0 \leqslant t < \infty} \left| F_0(t; \hat{\eta}, \hat{m}) - F_n(t) \right| = \max_{1 \leqslant i \leqslant n} d_i$$

式中,

$$d_i = \max\left\{ \left| F_0(T_{(i)}; \hat{\eta}, \hat{m}) - \frac{i-1}{n} \right|, \quad \left| \frac{i}{n} - F_0(T_{(i)}; \hat{\eta}, \hat{m}) \right| \right\}$$

$(T_{(1)}, T_{(2)}, \cdots, T_{(p)})$ 是 $(T_1, T_2, \cdots, T_p)$ 的顺序统计量。若样本中存在重复数据,则与前文的处理方法相同。

在确定的显著性水平 α 下,若 $\hat{D}_n > \hat{D}_{n,\alpha}$,则拒绝 H_0,否则接受 H_0。$\hat{D}_{n,\alpha}$ 的值可通过查询 Lilliefors 建立的临界值表获取。

7.4　基于 LS-SVM 的导弹性能退化数据分布参数预测

由导弹退化故障预测模型可知,导弹退化故障预测的实质是对性能退化数据分布函数的预测。由于假设性能退化数据的分布类型与时间无关,相关的仅为分布函数的参数向量,因而性能退化数据分布函数的预测就变为对其分布参数的预测。采用 7.3 节的方法可以得到性能退化数据的分布类型,其相关分布参数也可随之确定。根据性能特征参数的历年性能退化数据可求得分布参数的历史序列,若基于得到的分布参数序列选用适当的预测模型预测出了下一阶段某时刻分布参数的预测值,就可得到下一阶段该时刻性能退化数据分布函数的具体表达式,进而通过式(7-3)可预测下一阶段导弹的退化故障概率。

7.4.1　LS-SVM 预测框架

贮存状态下的导弹采取定期检测方式,通过测试获得的性能退化数据为一组与时间相关的数值,相应的分布参数也与时间相关,因此可将性能退化数据的历年分布参数序列看作时间序列,即导弹的退化故障预测就变为性能退化数据分布参数时间序列的预测。在时间序列预测领域,当前应用较为广泛的方法主要有时间序列分析、神经网络、GM(1,1)预测模型和支持向量机等。导弹性能退化数据分布参数具有小样本、非线性等特点,当前在处理小样本预测和估计问题时,统计学习理论一般被认为是最佳理论。支持向量机(Support Vector Machine,SVM)以统计学习理论

的 Vapnik - Chervonenkis(VC)维理论为基础,利用结构最小化原则替代了传统经验最小化原则,是一种新兴的智能算法。SVM 在处理小样本、高维数的非线性问题方面具有很强的适用性,并成功解决了局部极值及维数灾难等问题,目前在时间序列预测、故障诊断、目标识别等领域的应用取得了很好的效果。

SVM 算法的实质是求解凸二次优化问题,能保证求得的极值解即为全局最优解,但算法的复杂度与样本量密切相关,随着样本量的增大,运算速度会显著降低。LS - SVM 采用等式约束替代了 SVM 中的不等式约束,同时将风险由误差的一范数变为二范数,进而将二次优化问题的求解简化为一次方程组的求解,既减少了计算时间又有效降低了计算复杂度。因此,本章选用 LS - SVM 预测模型对导弹各性能退化数据的分布参数时间序列进行预测。

按照 Kolmogrov 定理的基本思想,时间序列的预测即为求解映射 $f:R^m \to R^n$,以接近序列中蕴含的非线性机制 F,从而使 f 成为可靠的预测器。采用 LS - SVM 对时间序列进行预测的基本思想是:首先通过对数据序列做相空间重构操作来确定训练数据;然后利用适当的函数逼近方法确定相关参数及模型的拓扑结构;最后依据得到的 f,建立相关预测模型对原始历史数据序列进行预测。LS - SVM 时间序列预测的基本框架结构如图 7 - 2 所示。

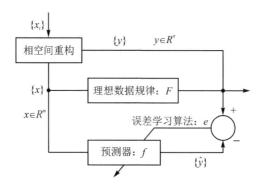

图 7 - 2   LS - SVM 时间序列预测框架

图中,F 为理想数据规律;f 为预测器;$\{x_t\}$ 为原始数据时间序列;e 表示预测器的误差学习算法;(x,y),$x \in R^m$,$y \in R^n$ 为经过相空间重构后的数据对;$\{x\}$ 为输入数据;$\{y\}$ 为输出数据;$\{\hat{y}\}$ 为估计值。

7.4.2   相空间重构与嵌入维数的选取

相通常被定义为系统在某时刻所处的状态,从抽象几何的角度,相也可称为相空间。对于相空间而言,没有特定的维数限制,既可是有限维,也可是无限维。当表现某复杂系统的状态变化时,融合多维相空间中各分量随时间变化的趋势进行描述往往会取得良好效果,然而在实际中,通常只能获取系统随时间变化的一组具有某种变化规律的测试值时间序列 $x_1,x_2,\cdots,x_N$,该序列无法很好地表征系统在相空间中各维的发展状态,因而其相应的动态变化也就难以进行实际表示。将某一维时间序列映射到高维相空间时,通常可利用相空间重构的处理方法,该方法认为高维相空间中各分量间往往存在着某种关联。因而对于某看似一维的时间序列,其真实情况可能是该时间序列已具有相关高维信息。纪玲玲等提出了有关相空间重构的基本思想,并对相空间重构的相关技术进行了深入研究。

对于原始时间序列 $\{x_t\}$,$t=1,2,\cdots,N$,为取得更好的预测效果,需要在预测前对训练样本时间序列进行预处理,即相空间重构训练样本时间序列,将其变换为矩阵形式以得到数据间的相关性,以最大限度获得到时间序列中蕴含的数据信息(这里对时间序列的混沌性不进行过多讨论),建立输入 $x_n=\{x_{n-1},x_{n-2},\cdots,x_{n-m}\}$ 与输出 $y_n=\{x_n\}$ 间的映射关系 $f:R^m\to R$,其中 m 表示嵌入维数,$n(n<N)$ 表示训练样本个数。通过相应的转换处理,可得训练样本:

$$\boldsymbol{X}=\begin{bmatrix} x_1 & x_2 & \cdots & x_m \\ x_2 & x_3 & \cdots & x_{m+1} \\ \vdots & \vdots & \ddots & \vdots \\ x_{n-m} & x_{n-m+1} & \cdots & x_{n-1} \end{bmatrix},\quad \boldsymbol{Y}=\begin{bmatrix} x_{m+1} \\ x_{m+2} \\ \vdots \\ x_n \end{bmatrix}$$

易知嵌入维数 m 的大小体现了变换后矩阵含有的信息量。在预测时间序列的过程中,m 值的确定目前并无可靠的理论依据,通常的确定方法是在利用 FPE 准则(Final Prediction Error,FPE)得到模型的预测误差后,依据误差的大小进行 m 值的确定。

$$\mathrm{FPE}(k)=\frac{n+k}{n-k}\sigma_k^2 \tag{7-31}$$

式中,$\sigma_k^2=\dfrac{1}{n-k}\sum_{i=k+1}^{n}\left\{y_i-\left[\sum_{j=1}^{n-k}\alpha_i K(x_j,x_i)+b\right]\right\}^2$;$n$ 为原始训练样本时间序列中数据的个数;k 为待确定的嵌入维数;$\alpha_i\in R$ 为拉格朗日乘子。$\mathrm{FPE}(k)$ 的大小取决于 k 的选取,因而存在某个 k_{opt} 使得 $\mathrm{FPE}(k)$ 值最小,此时最佳嵌入维数 $m=k_{\mathrm{opt}}$。

7.4.3　LS-SVM 回归算法

对原始时间序列进行相空间重构处理后,时间序列预测问题就变为函数的估计问题。LS-SVM 应用于函数估计领域的基本思想如下:

将训练样本集表示为 $\{(\boldsymbol{x}_i,\boldsymbol{y}_i)\,|\,i=1,\cdots,l\}$,其中 $\boldsymbol{x}_i\in R^n$ 为输入向量(n 表示空间维数),$\boldsymbol{y}_i\in R$ 为相关输出。对 $\boldsymbol{x}_i$ 进行非线性映射处理,在相应高维空间可得回归函数:

$$f(x)=\boldsymbol{w}^{\mathrm{T}}\boldsymbol{\phi}(\boldsymbol{x})+b \tag{7-32}$$

式中,$\phi(\,\cdot\,):R^n\to H$ 表示原始空间至高维空间的非线性映射;$w\in H$ 表示相关空间的权重向量;$b \in R$ 为常数项。非线性映射函数的主要作用是通过提取输入空间中的相关特征,将相应样本映射成高维空间中的一个向量,从而对输入空间中有关线性不可分的问题进行处理,此时非线性估计函数就变为相应高维空间中的线性估计函数,即可用 $f(x)$ 对相关输出 y 进行逼近。

依据结构风险最小化的相关思想,LS - SVM 回归算法的实质即为求解如下优化问题:

$$\min_{w,b,e} J(w,e) = \frac{1}{2} w^T w + \frac{1}{2} \gamma \sum_{i=1}^{l} e_i^2 \qquad (7-33)$$

$$\text{s.t.} \quad y_i = w^T \phi(x_i) + b + e_i \qquad i=1,2,\cdots,l$$

式中,$w^T w$ 主要用于控制模型的复杂度;$\gamma > 0$ 为正则化参数,主要用于调整误差样本的惩罚大小;e_i 为实测值与回归函数值的误差。利用拉格朗日函数对式(7 - 33)中的约束优化问题进行处理,可得

$$L(w,b,e,\boldsymbol{\alpha}) = J(w,e) - \sum_{i=1}^{l} \alpha_i [w^T \phi(x_i) + b + e_i - y_i] \qquad (7-34)$$

式中,$\alpha_i \in R$ 为拉格朗日乘子。依据 KKT(Karush - Kuhn - Tucker)原则,可得相应等式约束:

$$\begin{cases} \dfrac{\partial L}{\partial w} = 0 \rightarrow w = \sum_{i=1}^{l} \alpha_i \phi(x_i) \\[2mm] \dfrac{\partial L}{\partial b} = 0 \rightarrow \sum_{i=1}^{l} \alpha_i = 0 \\[2mm] \dfrac{\partial L}{\partial e_i} = 0 \rightarrow \alpha_i = \gamma e_i \qquad i=1,2,\cdots,l \\[2mm] \dfrac{\partial L}{\partial \alpha_i} = 0 \rightarrow w^T \phi(x_i) + b + e_i - y_i = 0 \qquad i=1,2,\cdots,l \end{cases} \qquad (7-35)$$

对式(7 - 35)进行整理,约去 w 与 e_i,可得

$$\begin{bmatrix} 0 & E^T \\ E & \Omega + I/\gamma \end{bmatrix}_{(l+1) \times (l+1)} \begin{bmatrix} b \\ \boldsymbol{\alpha} \end{bmatrix} = \begin{bmatrix} 0 \\ y \end{bmatrix} \qquad (7-36)$$

式中,$E = [1,\cdots,1]^T$;$y = [y_1,\cdots,y_l]^T$;$\boldsymbol{\alpha} = [\alpha_1,\cdots,\alpha_l]^T$;$I$ 为 $l \times l$ 阶单位阵;Ω 为 $l \times l$ 阶矩阵,且 $\Omega_{ij} = \phi(x_i)^T \cdot \phi(x_j)$。依据 Mercer 条件,可定义核函数为

$$K(x_i, x_j) = \phi(x_i)^T \cdot \phi(x_j) \qquad (7-37)$$

则式(7 - 36)可表示为

$$\begin{bmatrix} 0 & 1 & \cdots & 1 \\ 1 & K(\boldsymbol{x}_1,\boldsymbol{x}_1)+\dfrac{1}{\gamma} & \cdots & K(\boldsymbol{x}_1,\boldsymbol{x}_l) \\ \vdots & \vdots & \vdots & \vdots \\ 1 & K(\boldsymbol{x}_l,\boldsymbol{x}_1) & \cdots & K(\boldsymbol{x}_l,\boldsymbol{x}_l)+\dfrac{1}{\gamma} \end{bmatrix} \begin{bmatrix} b \\ \alpha_1 \\ \vdots \\ \alpha_l \end{bmatrix} = \begin{bmatrix} 0 \\ y_1 \\ \vdots \\ y_l \end{bmatrix} \tag{7-38}$$

设 $\boldsymbol{Q}=\boldsymbol{\Omega}+\gamma^{-1}\boldsymbol{I}$，考虑到 $\boldsymbol{Q}$ 为对称半正定矩阵，因此 $\boldsymbol{Q}^{-1}$ 存在。采用最小二乘法对式(7-38)进行求解，可得

$$b=\frac{\boldsymbol{E}^{\mathrm{T}}\boldsymbol{Q}^{-1}\boldsymbol{y}}{\boldsymbol{E}^{\mathrm{T}}\boldsymbol{Q}^{-1}\boldsymbol{E}} \tag{7-39}$$

$$\boldsymbol{\alpha}=\boldsymbol{Q}^{-1}(\boldsymbol{y}-b\boldsymbol{E})$$

则 LS-SVM 回归函数可表示为

$$y=f(\boldsymbol{x})=\sum_{i=1}^{l}\alpha_i K(\boldsymbol{x}_i,\boldsymbol{x})+b \tag{7-40}$$

在 LS-SVM 回归算法实现过程中，核函数被定义为 $K(\boldsymbol{x}_i,\boldsymbol{x}_j)=\phi(\boldsymbol{x}_i)^{\mathrm{T}}\cdot\phi(\boldsymbol{x}_j)$，因而高维空间中的复杂点积运算可通过选取适当的核函数进行替代处理，从而避免了映射函数 $\phi(\boldsymbol{x})$ 的复杂求解，克服了由于 $\phi(\boldsymbol{x})$ 未知而导致 $\boldsymbol{w}$ 难以显式表达的缺陷。依据泛函分析中的相关理论，凡是符合 Mercer 条件的函数均可作为核函数，核函数的构造形式决定了特征空间的结构特性，因而选取适当的核函数对于模型预测性能的提高具有重要意义。当前关于如何选取核函数的相关文献较少，常用的核函数大致可归纳为以下 4 种。

① 线性核函数：$K(\boldsymbol{x}_i,\boldsymbol{x}_j)=\boldsymbol{x}_i\cdot\boldsymbol{x}_j$。

该核函数中无待定参数，表达形式较为简单，其在低维空间中具有良好的适应性，但在高维空间中存在计算量过大的问题。

② 多项式核函数：$K(\boldsymbol{x}_i,\boldsymbol{x}_j)=(\boldsymbol{x}_i\cdot\boldsymbol{x}_j+\theta)^d,d=1,2,\cdots$

该核函数中的 θ 为可控参数，若空间维数过高，会由于 d 值的增长而使计算量迅速增大，对最终预测结果造成不利影响。

③ Sigmod 核函数：$K(\boldsymbol{x}_i,\boldsymbol{x}_j)=\tanh[b(\boldsymbol{x}_i\cdot\boldsymbol{x}_j)+c]$。

该核函数中的 b 和 c 为待定参数，仅在某些情况下满足 Mercer 条件，其与神经网络中的 Sigmoid 函数类似，存在一定的适用范围，但解决了模型易于陷入局部极小点的问题。

④ 高斯径向基(RBF)核函数：$K(\boldsymbol{x}_i,\boldsymbol{x}_j)=\exp\left\{-\dfrac{\|\boldsymbol{x}_i-\boldsymbol{x}_j\|^2}{2\delta^2}\right\}$。

该核函数中仅 δ 为待定参数，分析其表达式可知，各高斯基函数的中心点均具有对应的支持向量将相关输入从低维空间映射至高维空间，可大幅减少计算量。RBF

核函数具有较好的适用性,可有效应用于各类型的分布,并能满足较高的性能要求。

7.4.4 LS－SVM 预测模型

对于原始时间序列 $\{x_t\}$,$(t=1,2,\cdots,N)$,相空间重构前 n 个数据并得出嵌入维数 m 与输入输出样本对后,即可开始训练 LS－SVM,进而得到其回归函数:

$$y_t = \sum_{i=1}^{n-m} \alpha_i K(\boldsymbol{x}_i,\boldsymbol{x}_t) + b \quad t = m+1,\cdots,n \qquad (7-41)$$

式中,α_i 为拉格朗日乘子;K 为核函数;$b \subset R$ 为常数。由于 $\boldsymbol{x}_{n-m+1} = \{x_{n-m+1},\cdots,x_n\}$,因此 1 步预测模型可表示为

$$y_{n+1} = \sum_{i=1}^{n-m} \alpha_i K(\boldsymbol{x}_i,\boldsymbol{x}_{n-m+1}) + b \qquad (7-42)$$

令 $y_{n+1} = \hat{x}_{n+1}$,将其加入原始数据序列得到 $\boldsymbol{x}_{n-m+2} = \{x_{n-m+2},x_{n-m+3},\cdots,x_n,\hat{x}_{n+1}\}$,则可得 2 步预测模型。依次类推,第 k 步 LS－SVM 预测模型可表示为

$$y_{n+k} = \sum_{i=1}^{n-m} \alpha_i K(\boldsymbol{x}_i,\boldsymbol{x}_{n-m+k}) + b \qquad (7-43)$$

式中,$\boldsymbol{x}_{n-m+k} = \{x_{n-m+k},\cdots,\hat{x}_{n+1},\cdots,\hat{x}_{n+k-1}\}$。

7.5 基于位置–尺度模型的突发故障预测模型未知参数求解

突发故障不仅与时间有关,还与性能特征参数的退化量相关。为更好地表示突发故障时间与退化量间的关系,可将突发故障时间当作响应变量,退化量看作回归变量,则可在回归模型中对突发故障时间与退化量的关系进行明确描述。位置–尺度模型是回归分析领域中的重要模型之一,其在确定的退化量 x 的基础上对 $Y = \ln T$(T 为突发故障时间)的分布进行研究,模型可表示为

$$Y = \mu(x) + \sigma \cdot e \qquad (7-44)$$

式中,$\mu(x)$ 为位置参数;$\sigma > 0$ 为不变的尺度参数;e 的分布与 x 无关。给定 x,Y 的可靠度函数形如 $H\left(\dfrac{y-\mu(x)}{\sigma}\right)$,$H(e)$ 是 e 的可靠度函数。

对于突发故障时间 T_h,利用 $Y_h = \ln T_h$ 的分布,则 $T_h = \exp Y_h$ 的可靠度函数可表示为

$$R_h(t \mid x) = H\left[\frac{\ln t - \mu(x)}{\sigma}\right] = S\left[\left(\frac{t}{\alpha(x)}\right)^\delta\right] \qquad (7-45)$$

式中,$\alpha(x) = \exp[\mu(x)]$,$\delta = 1/\sigma$,$S(w) = H[\ln(w)]$。利用该模型,式(7－6)可进一步表示为

$$F(t) = 1 - \prod_{i=1}^{n} \int_{L_i}^{U_i} R_h(t \mid x) \mathrm{d}G(x, \boldsymbol{\beta}_i)$$

$$= 1 - \prod_{i=1}^{n} \int_{L_i}^{U_i} S\left(\left(\frac{t}{\alpha_i(x)}\right)^{\delta_i}\right) g(x, \boldsymbol{\beta}_i) \mathrm{d}x \qquad (7-46)$$

由 7.3.2 小节分析可知,导弹突发故障时间 T_h 服从 Weibull 分布。Weibull 分布中含有尺度参数 η 和形状参数 m,运用位置-尺度模型分析突发故障时间与退化量关系时,通常假设形状参数 m 与退化量 x 不相关,而尺度参数是退化量 x 的函数 $\eta(x)$。

现对给定退化量 x 下 $Y_h = \ln T_h$ 的分布进行分析,由于 T_h 服从 Weibull 分布,因此 $Y_h = \ln T_h$ 服从极值分布,其密度函数可表示为

$$f_y(y \mid x) = \frac{1}{\sigma} \exp\left[\frac{y - \mu(x)}{\sigma} - \exp\left(\frac{y - \mu(x)}{\sigma}\right)\right] \qquad (7-47)$$

式中,位置参数 $\mu(x) = \ln \eta(x)$,尺度参数 $\sigma = 1/m$,若采用标准极值分布进行表示,则 Y_h 为

$$Y_h = \mu(x) + \sigma \cdot e \qquad (7-48)$$

式中,e 具有标准极值分布,其密度函数为 $\exp[e - \exp(e)]$。为满足大多数应用,$\mu(x)$ 通常取线性形式,令 $\mu(x) = \gamma_1 + \gamma_2 \cdot x$,$\sigma = \gamma_3$,则式(7-47)可表示为

$$f_y(y \mid x) = \frac{1}{\gamma_3} \exp\left\{\frac{y - (\gamma_1 + \gamma_2 \cdot x)}{\gamma_3} - \exp\left[\frac{y - (\gamma_1 + \gamma_2 \cdot x)}{\gamma_3}\right]\right\}$$

$$(7-49)$$

通过分析 K 个导弹突发故障数据可知,发生突发故障的导弹均伴随一个突发故障时间 $t_j (j = 1, 2, \cdots, K)$ 和一个与其相对应的退化量 $x_{ji} (i = 1, 2, \cdots, n)$,因此基于突发故障数据的似然函数可表示为

$$L(\gamma_1^i, \gamma_2^i, \gamma_3^i) = \prod_{j=1}^{K} \frac{1}{\gamma_3^i} \exp\left\{\frac{y_j - (\gamma_1^i + \gamma_2^i \cdot x_{ji})}{\gamma_3} - \exp\left[\frac{y_j - (\gamma_1^i + \gamma_2^i \cdot x_{ji})}{\gamma_3^i}\right]\right\}$$

$$(7-50)$$

对式(7-50)取对数并求关于 γ_1^i、γ_2^i 和 γ_3^i 的偏导数且令其为 0,可得

$$\begin{cases} \dfrac{\partial \ln L(\gamma_1^i, \gamma_2^i, \gamma_3^i)}{\partial \gamma_1^i} = 0 \\[3mm] \dfrac{\partial \ln L(\gamma_1^i, \gamma_2^i, \gamma_3^i)}{\partial \gamma_2^i} = 0 \\[3mm] \dfrac{\partial \ln L(\gamma_1^i, \gamma_2^i, \gamma_3^i)}{\partial \gamma_3^i} = 0 \end{cases} \qquad (7-51)$$

解方程组(7-51)可得到 γ_1^i、γ_2^i 和 γ_3^i 的估计值,但由于这是三个超越方程,难以得到解析解,只能采用数值解法,温艳清等对此进行了分析研究。本章采用 Newton-Raphson 算法对其进行求解。

7.6 案例分析

以某单位贮存状态下整批导弹为研究对象,随机抽取 10 枚导弹作为样本进行故障预测。贮存状态下的导弹采取定期检测的方式,每年测试一次,测试信息从 2014 年开始记录到 2022 年,测试信息主要包括性能退化数据与突发故障数据,因此可根据 2014 年到 2020 年的测试信息对导弹 2021 年和 2022 年的故障概率进行预测,并将预测结果与导弹真实故障状况进行对比,以检验本章设计方法的合理性与有效性。

7.6.1 数据的分布类型

1. 性能退化数据的分布类型

根据工程经验,可假设导弹某性能特征参数的性能退化数据服从正态分布。以抽取的 10 枚导弹 2014 年某性能特征参数性能退化数据为例,采用 7.3.1 小节的方法对该性能退化数据进行分布拟合检验以确定其分布类型。

通过整理测试信息可知,抽取的 10 枚导弹的某性能特征参数 2014 年测试时的性能退化数据分别为 9.93,10.61,11.00,10.43,12.10,10.22,10.53,10.55,10.67,11.12。设该性能退化数据为 X,则检验 X 服从正态分布与否就变为检验假设 H_0:$X \sim N(\mu, \sigma^2)$ 是否成立。按升序排列性能退化数据,并对其进行 W 检验,为方便计算,将数据列于表 7-1。

表 7-1 性能退化数据的正态性检验

k	$X_{(k)}$	$X_{(11-k)}$	$X_{(11-k)} - X_{(k)}$	$a_k(W)$
1	9.93	12.10	2.17	0.573 9
2	10.22	11.12	0.90	0.329 1
3	10.43	11.00	0.57	0.214 1
4	10.53	10.67	0.14	0.122 4
5	10.55	10.61	0.06	0.039 9

由表 7-1 可得

$$\sum_{k=1}^{10} (X_{(k)} - \overline{X})^2 = 3.180\ 4$$

$$\sum_{k=1}^{5} a_k(W)[X_{(11-k)} - X_{(k)}] = 1.683\ 1$$

将上述计算结果代入式(7-13),可得

$$W = \frac{1.683\ 1^2}{3.180\ 4} = 0.890\ 7$$

若取显著性水平 $\alpha = 0.05$,则通过查阅 W 检验统计量 W 的 α 分位数表 W_α 可得 $W_{10,0.05} = 0.842$。由于 $W < W_{10,0.05}$,因此在显著性水平 $\alpha = 0.05$ 下接受 H_0,即可确定 2006 年测试时导弹某性能特征参数的性能退化数据的分布类型为正态分布。

分别对抽取的 10 枚导弹的某性能特征参数 2015 年至 2020 年的性能退化数据进行正态性检验,检验结果表明这 6 年的性能退化数据均服从正态分布,由此可判定该性能特征参数的性能退化数据服从正态分布,只是其分布参数 μ 和 σ^2 随时间的变化而改变。采用相同的方法可对导弹其余性能特征参数的性能退化数据进行正态性检验,检验结果表明,在 $\alpha = 0.05$ 的条件下,其余性能特征参数的性能退化数据的分布类型同样为正态分布。

2. 突发故障数据的分布类型

根据相关工程经验,可假设导弹的突发故障数据服从 Weibull 分布。分析导弹 2014 年到 2020 年的故障数据可知,抽取的 10 枚导弹在 2015 年至 2020 年均有突发故障记录,其故障个数分别为 1,1,1,1,2,2。由于导弹每年测试一次,因此若以年为时间单位,那么抽取的 10 枚导弹的突发故障时间可以表示为 2,3,4,5,6,6,7,7。将导弹的突发故障数据表示为 T,检验 T 是否服从 Weibull 分布的过程,就是检验假设 $H_0 : T \sim F(t; \eta, m) = 1 - \exp\left[-\left(\frac{t}{\eta}\right)^m\right]$,$t > 0$ 是否成立。

将抽取的 10 枚导弹的突发故障数据代入式(7-26),即可求得尺度参数 η 与形状参数 m 的极大似然估计值分别为 $\hat{\eta} = 5.587\ 7$,$\hat{m} = 3.390\ 4$。

按升序排列突发故障数据,若有重复则合并为一个数据,见表 7-2 第 1 列。按照 7.3.2 小节设计的步骤对导弹突发故障数据的假设分布进行 Колмогоров 检验,检验过程如表 7-2 所列。

表 7-2　导弹突发故障数据的 Weibull 分布检验

$T_{(i)}$	n_i	$F_0(T_{(i)}; \hat{\eta}, \hat{m})$	$F_n(T_{(i)})$	$F_n(T_{(i+1)})$	$\|F_0(T_{(i)}; \hat{\eta}, \hat{m}) - F_n(T_{(i)})\|$	$\|F_n(T_{(i+1)}) - F_0(T_{(i)}; \hat{\eta}, \hat{m})\|$	d_i
2	1	0.030 2	0	0.125 0	0.030 2	0.094 8	0.094 8
3	1	0.114 3	0.125 0	0.250 0	0.010 7	0.135 7	0.135 7
4	1	0.275 3	0.250 0	0.375 0	0.025 3	0.099 7	0.099 7
5	1	0.496 4	0.375 0	0.500 0	0.121 4	0.003 6	0.121 4
6	2	0.720 0	0.500 0	0.750 0	0.220 0	0.030 0	0.220 0
7	2	0.883 1	0.750 0	1.000	0.133 1	0.116 9	0.133 1

由表 7 - 2 可得,检验统计量 $\hat{D}_8 = 0.2200$。若取显著性水平 $\alpha = 0.05$,则通过查阅 $\hat{D}_n$ 的临界值表可得 $\hat{D}_{8,0.05} = 0.2850$。由于 $\hat{D}_8 < \hat{D}_{8,0.05}$,因此在显著性水平 $\alpha = 0.05$ 下接受 H_0,即可判定导弹突发故障数据的分布类型为 Weibull 分布。

7.6.2　竞争故障预测模型相关参数的确定

1. 性能退化数据分布参数预测

为得到未来某一时刻性能退化数据的分布函数,在确定了性能退化数据的分布类型后,还需要对分布的相关参数进行预测。由 7.6.1 小节可知,导弹性能退化数据服从正态分布,因此在预测性能退化数据的分布参数时,仅须预测均值 μ 和方差 σ^2 即可。

LS - SVM 预测模型具有完备的理论基础,可有效应用于对时间序列的预测,在预测过程中模型参数的合理选取对最终预测精度有着至关重要的作用。考虑到核函数的功能是将样本从原始空间映射至高维特征空间,使其变换为线性回归问题并生成最优回归曲线,故核函数的合理选取对预测模型的泛化能力有着重要影响。通过分析国内外相关文献可知,RBF 核函数具有较强的泛化能力,因而这里选取 RBF 函数作为核函数。RBF 核函数中含有待定参数 δ,其为核函数宽度参数,体现了样本数据的分布规律及适用性。LS - SVM 预测模型中还含有正则化参数 γ 与嵌入维数 m,正则化参数 γ 综合平衡了模型的训练误差与相关计算量,增强了模型的外推能力。嵌入维数 m 与原始训练样本时间序列的相空间重构操作息息相关,其反映了变换后矩阵含有的信息量,对模型精度有重大影响。通过上述分析可知,参数 δ、γ 和 m 的选取对 LS - SVM 预测模型的精度有着重要影响,为得到最优预测效果,需要对参数 δ、γ 和 m 进行合理确定。确定 γ 与 δ 的最优值时,可利用 MATLAB 中的 LS - SVM 工具箱调用交叉检验函数(crossvalidatelssvm)和网格搜索函数(gridsearch)进行优化选取,其步骤为:首先设定参数 γ 和 δ 的取值范围;然后利用等高线连接参数对应的准确率,并基于准确率产生最大的某段步长对参数进行再次选取直到超出参数取值范围;最后得到参数 γ 与 δ 的最优值。嵌入维数 m 的最优值可利用 FPE 准则进行确定。综上所述,参数 δ、γ 和 m 的最优值可按以下步骤进行确定。

步骤一:依据时间序列中数据的个数与相关经验设定参数 δ、γ 和 m 的范围。

步骤二:选取适当的嵌入维数 m,利用 LS - SVM 工具箱调用相关函数求解参数 γ 和 δ 的最优值,并根据式(7 - 31)得到此时的 FPE 值。

步骤三:对于不同的嵌入维数 m,分别计算其相应的 FPE 值,其中最小 FPE 值对应的 m 即为最优值。

得到参数 δ、γ 和 m 的最优值后,就可开始训练原始样本时间序列以得到 LS - SVM 回归函数,利用该函数即可对输入样本进行预测。

通过分析处理 2014 年至 2022 年抽取的 10 枚导弹的某性能特征参数的性能退化数据,可得其均值和方差的时间序列分别为:(10.716 0,10.753 0,10.796 0,10.800 0,10.816 0,10.824 0,10.934 0,11.002 0,11.087 0)和(0.353 4,0.377 1,0.687 1,0.537 0,0.500 3,0.405 0,1.023 4,0.572 8,0.598 0)。首先预测均值 μ,选取 $m=1$,相空间重构均值序列的前 7 个数据,可得样本对 $\boldsymbol{X}_\mu=[10.716\ 0,$ 10.753 0,10.796 0,10.800 0,10.816 0,10.824 0]$^\mathrm{T}$、$\boldsymbol{Y}_\mu=[10.753\ 0,10.796\ 0,$ 10.800 0,10.816 0,10.824 0,10.934 0]$^\mathrm{T}$。选取 RBF 函数作为核函数,设定参数 γ 和 δ 的搜索区域分别为[0.1,500]和[0.01,100],采用交叉检验和网格搜索算法进行求解,可得最优参数 $\delta^2=3.246\ 3$,$\gamma=116.496\ 3$。利用 LS-SVM 训练输入输出样本对,可得均值 μ 的预测回归曲线,如图 7-3 所示,图中 X 轴表示输入样本、Y 轴表示输出样本。

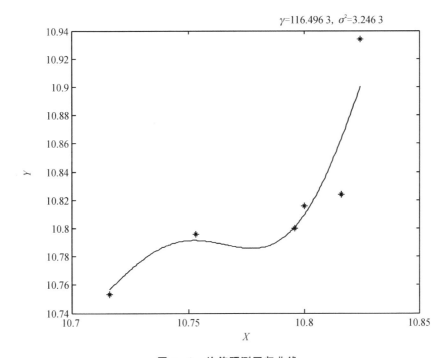

图 7-3　均值预测回归曲线

通过式(7-31)的计算可得,$m=1$ 时 FPE 值为 4.38×10^{-6}。选取 $m=2,3,4,$ 5,分别求解其相应的 FPE 值,结果表明,$m=1$ 时 FPE 值最小,故最优嵌入维数 $m=1$。

得到训练完毕的 LS-SVM 回归函数之后,即可开始预测输入样本 $\boldsymbol{X}_\mu^*=$ [10.716 0,10.753 0,10.796 0,10.800 0,10.816 0,10.824 0,10.934 0]$^\mathrm{T}$。为检验 LS-SVM 预测方法的有效性,分别采用 GM(1,1)灰色预测、BP 神经网络预测和本

章设计的 LS‐SVM 预测方法对 2021 年和 2022 年抽取的 10 枚导弹的某性能特征参数的性能退化数据的均值进行预测,预测结果如表 7‐3 所列,预测曲线如图 7‐4 所示。

表 7‐3 各方法均值预测结果

测试时间	实测值	GM(1,1)灰色预测		BP 神经网络		LS‐SVM	
		预测值	预测误差/%	预测值	预测误差/%	预测值	预测误差/%
2021 年	11.002 0	10.932 8	0.630 0	11.131 6	1.180 0	10.955 4	0.420 0
2022 年	11.087 0	10.976 3	1.000 0	11.257 0	1.530 0	10.998 5	0.800 0

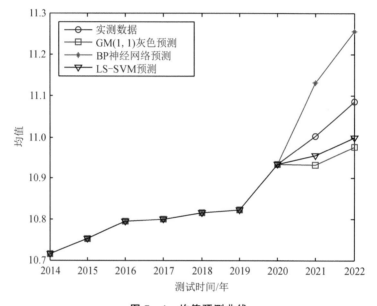

图 7‐4 均值预测曲线

预测 2021 年和 2022 年抽取的 10 枚导弹的某性能特征参数的性能退化数据方差 σ^2 时,同样可选取 $m=1$,相空间重构方差序列的前 7 个数据,可得样本对为 $\boldsymbol{X}_{\sigma^2} = [0.353\,4, 0.377\,1, 0.687\,1, 0.537\,0, 0.500\,3, 0.405\,0]^T$、$\boldsymbol{Y}_{\sigma^2} = [0.377\,1, 0.687\,1, 0.537\,0, 0.500\,3, 0.405\,0, 1.023\,4]^T$。选取 RBF 函数作为核函数,设定参数 γ 和 δ 的搜索区域分为 $[0.1, 500]$ 和 $[0.01, 100]$,并采用交叉检验和网格搜索算法求解 LS‐SVM 中的核函数宽度参数 δ^2 与正则化参数 γ,求得最优参数 $\delta^2 = 0.237\,7$,$\gamma = 64.190\,6$。利用 LS‐SVM 训练输入输出样本对,可得均值 μ 的预测回归曲线,如图 7‐5 所示,图中 X 轴表示输入样本、Y 轴表示输出样本。

通过式(7‐31)的计算可得,$m=1$ 时 FPE 值为 2.16×10^{-6}。选取 $m=2,3,4,5$,分别求解其对应的 FPE 值,结果表明,$m=1$ 时 FPE 值最小,故最优嵌入维数 $m=1$。

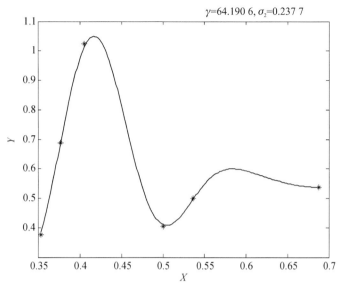

图 7 - 5　方差预测回归曲线

得到训练完毕的 LS - SVM 回归函数之后,即可开始预测输入样本 $\boldsymbol{X}_{\sigma_2}^* =$ $[0.353\ 4, 0.377\ 1, 0.687\ 1, 0.537\ 0, 0.500\ 3, 0.405\ 0, 1.023\ 4]^{\mathrm{T}}$。为检验 LS - SVM 预测方法的有效性,分别采用 GM(1,1)灰色预测、BP 神经网络预测和本章设计的 LS - SVM 预测方法对 2021 年和 2022 年抽取的 10 枚导弹的某性能特征参数的性能退化数据的方差进行预测,预测结果如表 7 - 4 所列,预测曲线如图 7 - 6 所示。

表 7 - 4　各方法方差预测结果

测试时间	实测值	GM(1,1)灰色预测		BP 神经网络		LS - SVM	
		预测值	预测误差/%	预测值	预测误差/%	预测值	预测误差/%
2021 年	0.572 8	0.543 2	5.170 0	0.559 2	2.370 0	0.566 8	1.050 0
2022 年	0.598 0	0.637 4	6.590 0	0.619 7	3.630 0	0.587 3	1.780 0

由图 7 - 3～图 7 - 6、表 7 - 3 和表 7 - 4 可以看出,在对某性能特征参数的性能退化数据的分布参数预测时,GM(1,1)灰色预测、BP 神经网络预测和本章设计的 LS - SVM 预测方法均具有较高的预测精度。对于 $\boldsymbol{X}_{\mu}^*$ 这种具有平滑增长趋势的时间序列而言,GM(1,1)灰色预测要优于 BP 神经网络预测;对于 $\boldsymbol{X}_{\sigma_2}^*$ 这种具有较强波动性的时间序列而言,相对于 GM(1,1)灰色预测,BP 神经网络预测则要更加适用。而本章设计的 LS - SVM 预测方法相对于 GM(1,1)灰色预测和 BP 神经网络预测,具有更强的泛化能力,能较好地适应各种类型的时间序列,且预测精度较高。为了更直观地对各预测方法的预测结果进行对比分析,本章采用平均相对误差(Average rela-

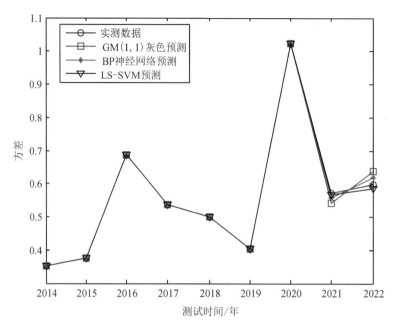

图 7-6   方差预测曲线

tive error，ARE)作为评价指标对预测结果做定量分析，其结果如表 7-5 所列。

表 7-5   各方法预测结果 ARE 对比

单位：%

对比项	预测方法		
	GM(1,1)灰色预测	BP 神经网络	LS-SVM
均值 μ	0.810 0	1.360 0	0.610 0
方差 σ^2	5.880 0	3.000 0	1.420 0

由表 7-5 可知，通过比较各方法预测结果的 ARE，本章设计的 LS-SVM 预测方法的 ARE 更低，相对于 GM(1,1)灰色预测与 BP 神经网络预测方法有明显提高，可对性能退化数据相关分布参数进行较好的短期预测。本章设计的 LS-SVM 预测方法具有坚实的理论基础，且推理形式简单、计算速度快，具有较强的工程应用价值。

同理，采用 LS-SVM 预测模型对导弹其余性能特征参数的性能退化数据的分布参数进行预测，即可得到 2021 年和 2022 年导弹性能特征参数的性能退化数据的分布函数。

2. 突发故障预测模型未知参数求解

分析导弹 2014 年到 2020 年的故障数据可以发现，抽取的 10 枚导弹在 2015 年至 2020 年均有导弹突发故障记录，其故障个数分别为 1，1，1，1，2，2。由于导弹每年测试一次，因此若以年为时间单位，那么抽取的 10 枚导弹的突发故障时间可以表示为 2,3,4,5,6,6,7,7。以某性能特征参数的退化量 x_i 为例,其与突发故障时间的对应关系如表 7 - 6 所列。

表 7 - 6　突发故障与相关退化量的对应关系

突发故障时间	2	3	4	5	6	6	7	7
退化量 x_i	9.79	10.61	10.82	10.72	10.98	12.60	10.73	10.08

将表 7 - 6 中的数据代入式(7 - 51),即可求得突发故障与退化量 x_i 相关时的参数 γ_1^i、γ_2^i 和 γ_3^i 的估计值,分别为 10.330 6,0.356 8,0.790 6,从而可得位置-尺度模型中相关参数 $\mu_i(x) = \gamma_1^i + \gamma_2^i \cdot x = 10.330\ 6 + 0.356\ 8x$,$\sigma_i = \gamma_3^i = 0.790\ 6$。由于导弹突发故障时间 T_h 服从 Weibull 分布,则 $Y_h = \ln T_h$ 服从极值分布,进而可以得到 Weibull 分布中尺度参数 $\eta_i(x) = \exp(\mu_i(x)) = \exp(10.330\ 6 + 0.356\ 8x)$ 和形状参数 $m_i = 1/\sigma = 1.264\ 8$。将求解得到的相关参数代入式(7 - 23),即可得到与退化量 x_i 相关时的导弹突发故障时间 T_h 的可靠度函数:

$$R(t; \eta_i, m_i) = \exp\left\{ -\left[\frac{t}{\eta_i(x)} \right]^{m_i} \right\}$$

$$= \exp\left\{ -\left[\frac{t}{\exp(10.330\ 6 + 0.356\ 8x)} \right]^{1.264\ 8} \right\} \qquad t > 0$$

同理,采用位置-尺度模型对导弹突发故障与其余退化量相关时的参数进行求解,即可得到与其余退化量相关时的导弹突发故障时间 T_h 的相应可靠度函数。

7.6.3　预测结果分析

确定了数据的分布类型及相关参数后,即可根据式(7 - 46)对导弹在 2021 年的故障概率进行预测,结果为

$$F(t) = 1 - \prod_{i=1}^{n} \int_{L_i}^{U_i} R_h(t \mid x) \mathrm{d}G(x, \boldsymbol{\beta}_i)$$

$$= 1 - \prod_{i=1}^{n} \int_{L_i}^{U_i} S\left[\left(\frac{t}{\alpha_i(x)} \right)^{\delta_i} \right] g(x, \boldsymbol{\beta}_i) \mathrm{d}x$$

$$= 1 - \prod_{i=1}^{n} \int_{L_i}^{U_i} \exp\left[-\left(\frac{8}{\exp(\gamma_1^i + \gamma_2^i x)} \right)^{\frac{1}{\gamma_3^i}} \right] g(x, \boldsymbol{\beta}_i) \mathrm{d}x$$

$$= 0.136\ 5$$

即该批导弹的导弹在 2021 年发生故障的概率为 0.136 5,同理可预测 2022 年的故障概率为 0.170 3。对该批 30 枚导弹 2021 年和 2022 年的实际故障情况进行统计,其中 2021 年该批导弹中有 4 枚导弹故障,2022 年有 5 枚导弹故障,从而可得该批导弹

2021 年和 2022 年的实际故障概率分别为 0.133 3 和 0.166 7。实际评估结果与本章
设计方法的预测结果基本一致,因此表明导弹竞争故障预测模型是合理的。

为更好检验本章设计方法的有效性,分别采用只考虑性能退化的故障预测方
法、只考虑突发故障的故障预测方法、假设突发故障与退化故障相互独立的竞争故
障预测方法和本章设计的方法对导弹 2021 年和 2022 年的故障概率进行预测,各方
法预测结果对比如表 7 - 7 所列。

表 7 - 7   各方法预测结果对比

预测方法	导弹故障概率 预测值		导弹故障概率 实际评估值		平均相对误差/%
	2021 年	2022 年	2021 年	2022 年	
只考虑性能退化	0.121 7	0.154 3			8.070 0
只考虑突发故障	0.126 4	0.156 8			5.560 0
假设突发故障与 退化故障相互独立	0.129 1	0.160 5	0.133 3	0.166 7	3.440 0
本章方法	0.136 5	0.170 3			2.280 0

由表 7 - 7 可知,在只考虑性能退化或突发故障情况下对导弹故障概率进行预测
时,虽然在对比结果中误差不大,但从表中可以看出,这两种方法对导弹故障概率的
预测值均低于导弹故障概率的实际值,即存在着低估导弹故障概率的可能。对于导
弹这类高可靠性的系统而言,一旦发生故障将会造成严重的军事与经济损失,单纯
考虑导弹贮存过程中的退化故障或突发故障,均会导致重大安全隐患。第 3 种方法
忽略了突发故障与退化故障的相关性,假设突发故障与退化故障相互独立,此时竞
争故障模型就变为可靠性分析中的串联模型。由于该方法未考虑性能退化对突发
故障的影响,即在一定程度上低估了导弹突发故障的概率,因此在对导弹故障概率
预测时,相对于本章设计的方法可能会过低地估计导弹实际发生故障的概率,这会
对有效控制导弹故障风险造成不利影响。通过比较各预测方法的平均相对误差,可
知本章设计的导弹故障预测方法预测精度更高且在控制导弹安全隐患方面更有优
势,其预测结果更加合理有效。

7.7   本章小结

贮存状态下的导弹既具有突发故障模式也具有退化故障模式,其故障是由二者
竞争引起的。本章通过分析导弹退化特性,在考虑突发故障与退化量相关性的基础
上建立了具有多元退化量的导弹竞争故障预测模型,主要结论如下:

①　利用数理统计的方法分别确定了导弹性能退化数据与突发故障数据的分布类型,其中性能退化数据服从正态分布,突发故障数据服从为 Weibull 分布。

②　在求解退化故障预测模型相关参数时,针对性能退化数据分布参数存在小样本、非线性等特点,应用 LS – SVM 预测算法对性能退化数据的分布参数进行了预测,预测结果表明该预测方法具有较高的拟合精度,可对相关参数进行较好的短期预测。

③　对突发故障预测模型相关参数求解时,考虑了退化量与突发故障的相关性,并运用位置–尺度模型分析了退化量与突发故障的关系,进而求解出突发故障与退化量的相关参数。

④　通过案例分析,并与其他预测方法进行对比,结果表明本章设计的方法预测精度更高且在控制导弹安全隐患方面更有优势,其预测结果更加合理有效。

第 8 章　基于特征参数的导弹退化状态预测

8.1　引　言

　　基于特征参数的退化状态预测方法适用于具有性能退化趋势的导弹装备,该方法不需要对导弹装备进行过多的故障模型、机理分析,可通过选取相应的性能特征参数,并预测其时间序列得到导弹装备的退化状态。本章在下一阶段导弹可靠的基础上,利用其当前及历史状态信息,预测下一阶段导弹的退化状态。贮存状态下的导弹基本不进行外观检查,且大中修及役龄等因素对其影响相对较小,因此导弹的状态退化情况主要是利用自动测试系统测试时选取的性能特征参数的测试数据反映的,即若不考虑测试设备的相关测试误差,性能特征参数的测试数据可以很好地反映导弹的退化状态,故在某置信度条件下,可基于特征参数对导弹的退化状态进行预测。

　　导弹在贮存期间,按照规定通常每年测试 1 次。但由于作战需求、日常训练等因素的影响,某些导弹一年可能要测试 2~4 次,测试时间由具体任务确定,这就造成了记录的测试数据的不等间隔。而目前常用的预测模型通常是基于等间隔数据进行建模,这在一定程度上限制了常用预测模型的实用性。利用 LS - SVM 对导弹进行退化状态预测时,往往只考虑单一性能特征参数随时间变化的趋势,而并未考虑各性能特征参数间的相互影响。而实际情况是导弹各性能特征参数相互关联性强,某一性能特征参数的状态变化会对其他性能特征参数状态的变化产生一定程度的影响或反映。针对上述问题,本章提出了一种基于非等间隔灰色联合支持向量机(Unequal Interval Grey Model - Unification of Least Squares Support Vector Machine, UGM - ULSSVM)的退化状态预测方法。该方法在模型的训练阶段,根据特征参数序列建立其优化背景值的非等间隔灰色预测模型(Unequal Interval Grey Model, UGM(1,1)),将 UGM(1,1)的拟合值作为输入、原始数据序列作为输出,分别训练得到时间型最小二乘支持向量机(Time - like Least Squares Support Vector Machine, TLS - SVM)与空间型最小二乘支持向量机(Space - like Least Squares Support Vector Machine, SLS - SVM);在模型的预测阶段,由建立的优化背景值 UGM(1,1)模型和通过证据理论融合 TLS - SVM 和 SLS - SVM 得到的联合支持向量机模型(Unification of Least Squares Support Vector Machine，ULS‐SVM)组合得到 UGM‐ULSSVM 状态预测模型。

8.2　导弹可预测性及预测有效性分析

8.2.1　导弹状态可预测性分析

贮存状态下的导弹,其状态由于外部环境与内部性能的不断变化而逐渐发生退化。在对导弹进行退化状态预测之前,应首先分析导弹的可预测性和变化规律,其相关特性如下：

① 导弹的贮存过程是一个状态逐渐退化的过程,对于导弹的退化故障来说,从良好状态到故障状态的退化具有一定的发展过程,该过程即为导弹的退化状态预测提供了前提。

② 导弹的状态退化由多个性能特征参数的退化共同导致,通过分析导弹的状态信息可知,各性能特征参数在退化过程中,其时间序列具有一定的变化规律。

由第 7 章的分析可知,贮存状态下的导弹通常具有退化故障和突发故障两种故障模式,由于本章是在下一阶段导弹可靠的前提下对其退化状态进行预测,因此仅须考虑导弹退化故障的状态变化过程。延时性是退化故障的基本特性,即导弹从良好状态退化到故障状态这一过程是渐变的,反映在导弹各性能特征参数上,其当前测试值与历年测试值间存在着某种联系,这种联系即为导弹各性能特征参数的时间序列预测提供了前提。

由于导弹的故障成因、机理较为复杂,因而部分性能特征参数的变化规律是随机的,削弱了导弹各性能特征参数间的关联性,使导弹各性能特征参数的预测结果不可能十分准确,仅能在使预测误差和均方差满足一定预测精度的基础上,做出最优预测。

8.2.2　预测方法有效性分析

预测方法的有效性通常是指平均的、全面的或具有典型代表的精确性,可用平均的、全面的精度进行表示。本章选取预测精度($A(t)$)、预测精度均值(E_f)、预测精度方差(σ_f)及预测有效度(M_f)作为预测方法有效性分析的主要指标。

令 $x(t)$、$\hat{x}(t)$ 分别为 t 时刻某性能特征参数的实测值与故障预测值,则绝对预测误差：

$$\varepsilon(t) = x(t) - \hat{x}(t) \tag{8-1}$$

相对预测误差：

$$\varepsilon'(t) = \frac{|x(t) - \hat{x}(t)|}{x(t)} \times 100\% \qquad (8-2)$$

预测精度：

$$A(t) = \begin{cases} 1 - \left| \dfrac{\varepsilon(t)}{x(t)} \right| & 0 \leqslant \left| \dfrac{\varepsilon(t)}{x(t)} \right| < 1 \\ 0 & 1 \leqslant \left| \dfrac{\varepsilon(t)}{x(t)} \right| \end{cases} \qquad (8-3)$$

预测拟合精度均值及方差分别为

$$E_p = E(A_p(t)) = \frac{1}{n} \sum_{t=1}^{n} A_p(t) \qquad (8-4)$$

$$\sigma_p = \sqrt{E(A_p^2) - [E(A_p(t))]^2} \qquad (8-5)$$

式中，$t = 1, 2, \cdots n$ 为训练样本区间 $[0, T_0]$ 内的 n 个样本点；$A_p(t)$ 表示在 t 时刻的拟合精度。

预测精度均值及方差分别为

$$E_f = E(A_f(t)) = \frac{1}{m} \sum_{t=n+1}^{n+m} A_f(t) \qquad (8-6)$$

$$\sigma_f = \sqrt{E(A_f^2) - [E(A_f(t))]^2} \qquad (8-7)$$

式中，$t = n+1, n+2, \cdots n+m$ 为预测样本区间 $[T_0, T_0 + T]$ 内的 m 个样本点；$A_f(t)$ 为预测方法在 t 时刻的预测精度。

预测方法的拟合有效度为

$$M_p = (1 - \sigma_p) E_p \qquad (8-8)$$

预测方法的预测有效度为

$$M_f = (1 - \sigma_f) E_f \qquad (8-9)$$

由式(8-9)可知，预测有效度随着预测区间内 E_f 的增大而提高，随着 σ_f 的增大而降低。

8.3　基于特征参数的导弹退化状态预测流程

基于特征参数的导弹退化状态预测流程如图 8-1 所示。

（1）特征参数选取

本章按照第 2 章设计的方法从某型导弹测试时各测试项目的测试参数中提取与导弹相关的性能特征参数，并将性能特征参数分为开关量性能特征参数与模拟量性能特征参数。该方法避免了根据专家经验选取性能特征参数造成的主观性强、标准不明确等缺点。导弹退化状态预测的数据基础主要为模拟量性能特征参数。

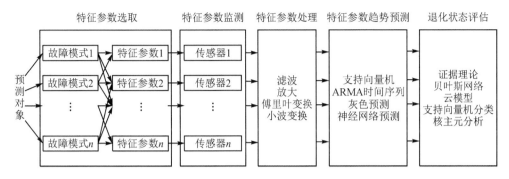

图 8 - 1　基于特征参数的导弹退化状态预测流程

（2）特征参数监测

对导弹进行性能特征参数提取后，可依据导弹的测试结果对各性能特征参数（包括开关量性能特征参数）进行监测。本章中该部分的主要功能是判断导弹性能特征参数（包括开关量性能特征参数）的测试数据是否在规定的阈值范围内，以判断导弹是否发生故障。

（3）特征参数处理

由于导弹各性能特征参数主要来自自动测试系统测试时产生的测试参数，其数据格式基本可以直接用于导弹的退化状态评估，因此本章对性能特征参数的处理主要表现在将性能特征参数分为开关量性能特征参数与模拟量性能特征参数。

（4）特征参数趋势预测

性能特征参数的趋势预测主要是指根据性能特征参数的当前及历史测试数据来预测该性能特征参数未来某一时刻的数值，常用的预测方法有灰色预测、多项式回归、神经网络预测、支持向量机等。本章针对导弹退化状态预测存在的小样本、数据不等间隔且各性能特征参数间耦合关联性强等问题，建立了 UGM(1,1)- ULSSVM 退化状态预测模型。

（5）退化状态评估

对性能特征参数进行趋势预测，得到各性能特征参数的预测值之后，即可根据性能特征参数的预测值对导弹的退化状态进行评估，可采用状态评估方法对导弹的退化状态进行评估。

8.4　基于 UGM(1,1)的非等间隔数据序列预测

灰色预测方法是在灰色系统理论的基础上发展形成的，其基于灰色系统的关联度、模型构建及残差辨识等思想，可在系统包含灰元、灰数的情况下进行有效预测。灰色系统有时也被称为贫信息系统，通常是指具有已知信息，同时又具有未知或非

确定信息的系统。贮存过程中的导弹可看作一个灰色系统,考虑到导弹贮存的特殊性,不允许过多地通电测试,采集到的导弹状态信息往往是不完备的,因此可考虑采用灰色预测模型来预测导弹各性能特征参数的状态退化趋势。

贮存状态下的导弹通常采取定期检测的方式,即每年测试 1 次,但由于作战需求及日常训练的需要,使用部队在规定的检测时间之外还会对某些导弹进行额外的测试,其产生的测试信息可有效应用于导弹的退化状态预测,但同时会导致原始测试数据产生非等间隔。灰色预测是基于灰色动态模型(Grey Dynamic Model,GM)的预测,其中最基本的预测模型为 GM(1,1)模型。传统 GM(1,1)模型及其优化模型大都是基于等间隔序列的,在一定程度上减弱了 GM(1,1)模型应用于导弹退化状态预测的实用性,且等间隔是非等间隔的一个特例。因此,建立 UGM(1,1)预测模型具有显著的现实意义。

8.4.1 基本 GM(1,1)预测模型

GM(1,1)模型是目前最为常用的灰色预测模型,邓聚龙教授对其做了大量的分析研究工作,得到了 GM(1,1)模型的多种表达形式,使用较为广泛的一种为

$$\frac{\mathrm{d}x^{(1)}}{\mathrm{d}t} + ax^{(1)} = u \tag{8-10}$$

设原始时间数据序列为

$$X^{(0)} = \left(x^{(0)}(1), x^{(0)}(2), \cdots, x^{(0)}(n) \right) \tag{8-11}$$

式中,$x^{(0)}(i)$ 为时刻 i 的数据测试值;对 $X^{(0)}$ 做一次累加生成(1 - Accumulated Generating Operation,1 - AGO),可得新的数据序列 $X^{(1)}$:

$$X^{(1)} = \left(x^{(1)}(1), x^{(1)}(2), \cdots, x^{(1)}(n) \right) \tag{8-12}$$

新的数据序列中,$x^{(1)}(k) = \sum_{i=1}^{k} x^{(0)}(i)$,$i = 1, 2, \cdots, n$。对 $X^{(1)}$ 进行相邻均值生成,可得序列 $Z^{(1)}$:

$$Z^{(1)} = \left(z^{(1)}(2), z^{(1)}(3), \cdots, z^{(1)}(n) \right) \tag{8-13}$$

该序列中,$z^{(1)}(k) = \frac{1}{2} \left[x^1(k) + x^1(k-1) \right]$,$k = 2, 3, \cdots, n$。

微分方程(8-10)中的相关参数 a 和 u 构成的向量可表示为

$$\hat{a} = [a, u]^{\mathrm{T}} \tag{8-14}$$

采用最小二乘法对参数 a 和 u 进行估计,则 $\hat{a}$ 满足:

$$\hat{a} = [a, u]^{\mathrm{T}} = (\boldsymbol{B}^{\mathrm{T}} \boldsymbol{B})^{-1} \boldsymbol{B}^{\mathrm{T}} \boldsymbol{Y}_N \tag{8-15}$$

其中:

$$\boldsymbol{B} = \begin{bmatrix} -z^{(1)}(2) & 1 \\ -z^{(1)}(3) & 1 \\ \vdots & \vdots \\ -z^{(1)}(n) & 1 \end{bmatrix} = \begin{bmatrix} -\dfrac{1}{2}\big[x^{(1)}(1)+x^{(1)}(2)\big] & 1 \\ -\dfrac{1}{2}\big[x^{(1)}(2)+x^{(1)}(3)\big] & 1 \\ \vdots & \vdots \\ -\dfrac{1}{2}\big[x^{(1)}(n-1)+x^{(1)}(n)\big] & 1 \end{bmatrix} \quad (8-16)$$

$$\boldsymbol{Y}_N = \big[x^{(0)}(2), x^{(0)}(3), \cdots, x^{(0)}(n)\big]^{\mathrm{T}} \quad (8-17)$$

GM(1,1)微分方程的解可表示为

$$\hat{x}^{(1)}(k+1) = \Big[x^{(0)}(1) - \frac{u}{a}\Big]\mathrm{e}^{-ak} + \frac{u}{a} \quad (8-18)$$

原始数据序列的预测公式可表示为

$$\hat{x}^{(0)}(k+1) = \hat{x}^{(1)}(k+1) - \hat{x}^{(1)}(k)$$

$$= \Big[x^{(0)}(1) - \frac{u}{a}\Big]\mathrm{e}^{-ak} - \Big[x^{(0)}(1) - \frac{u}{a}\Big]\mathrm{e}^{-a(k-1)}$$

$$= \Big[x^{(0)}(1) - \frac{u}{a}\Big](1 - \mathrm{e}^{a})\mathrm{e}^{-ak} \quad (8-19)$$

8.4.2　UGM(1,1)预测模型

目前,对于非等间隔数据序列预测问题的处理主要有以下两种思路:一是通过对原始非等间隔数据的预处理使其等间隔化,然后利用传统预测方法进行预测,例如插值法、生成新数列法等,最后将数据还原。插值法主要根据相关经验来处理原始数据,主观性过高,从而导致模型的精度不够理想,生成新数列法在一定程度上解决了插值法存在的问题,但其假设数据列差值和相应时间差之间为线性关系,从而导致该方法的适用性不强。二是直接利用非等间隔数据序列建模,如传统 UGM(1,1)模型,该模型在对原始数据序列进行 1-AGO 处理过程中考虑了数据序列的时间间隔,并将相应时间间隔作为乘子,通过重构背景值来构建非等间隔预测模型。该方法避免了插值法与生成新数列法的缺陷,且计算简便,易于实现。

设原始状态数据序列 $X^{(0)}(t_i) = \big(x^{(0)}(t_1), x^{(0)}(t_2), \cdots, x^{(0)}(t_n)\big)$,相邻分量之间的间隔为 $\Delta t_k = t_k - t_{k-1}, k = 2, 3, \cdots, n$。若 Δt_k 为常数,则称序列 $X^{(0)}(t_i)$ 为等间隔序列;若 Δt_k 不为常数,则称序列 $X^{(0)}(t_i)$ 为非等间隔序列。

UGM(1,1)预测模型建模过程如下:

① 对原始序列 $X^{(0)}(t_i)$ 进行 1-AGO 操作,可得

$$X^{(1)}(t_i) = \big(x^{(1)}(t_1), x^{(1)}(t_2), \cdots, x^{(1)}(t_n)\big) \quad (8-20)$$

令模型初始值 $x^{(1)}(t_1) = x^{(0)}(t_1)$,则

$$x^{(1)}(t_i) = \sum_{k=1}^{i} x^{(0)}(t_k) \Delta t_k \qquad i = 2, 3, \cdots, n$$

② 由新序列 $X^{(1)}(t_i)$ 建立的白化微分方程可表示为

$$\frac{\mathrm{d}x^{(1)}(t)}{\mathrm{d}t} + a x^{(1)}(t) = u \qquad (8-21)$$

灰色微分方程可表示为

$$x^{(0)}(t_i)\Delta t_i + a z^{(1)}(t_i) = u \Delta t_i \qquad (8-22)$$

式中，参数 a 为发展系数，其主要作用是调整灰色系统的发展趋势；参数 u 为灰色作用量，其主要作用是表征数据变化的模糊关系；$z^{(1)}(t_i)$ 为 $x^{(1)}(t)$ 在离散区间 $[t_{i-1}, t_i]$ 上的背景值，在实际应用中，其构造形式一般为

$$z^{(1)}(t_i) = \frac{1}{2}\left[x^{(1)}(t_{i-1}) + x^{(1)}(t_i) \right] \qquad (8-23)$$

③ 采用最小二乘法对式(8-21)中的参数 a 和 u 进行估计，即

$$\hat{\boldsymbol{a}} = [a, u]^{\mathrm{T}} = (\boldsymbol{B}^{\mathrm{T}}\boldsymbol{B})^{-1}\boldsymbol{B}^{\mathrm{T}}\boldsymbol{Y} \qquad (8-24)$$

其中，

$$\boldsymbol{B} = \begin{bmatrix} -z^{(1)}(t_2) & \Delta t_2 \\ -z^{(1)}(t_3) & \Delta t_3 \\ \vdots & \vdots \\ -z^{(1)}(t_n) & \Delta t_n \end{bmatrix} \qquad (8-25)$$

$$\boldsymbol{Y}_N = [x^{(0)}(t_2)\Delta t_2, x^{(0)}(t_3)\Delta t_3, \cdots, x^{(0)}(t_n)\Delta t_n]^{\mathrm{T}} \qquad (8-26)$$

④ 令 $x^{(1)}(t_1) = x^{(0)}(t_1)$，则式(8-21)的时间响应函数可表示为

$$\hat{x}^{(1)}(t_i) = \left[x^{(0)}(t_1) - \frac{u}{a} \right] \cdot \mathrm{e}^{-a(t_i - t_1)} + \frac{u}{a} \qquad (8-27)$$

还原响应函数，令 $\hat{x}^{(0)}(t_1) = x^{(0)}(t_1)$，则序列 $X^{(0)}(t_i)$ 的 UGM(1,1)预测模型可表示为

$$\hat{x}^{(0)}(t_i) = \frac{\hat{x}^{(1)}(t_i) - \hat{x}^{(1)}(t_{i-1})}{\Delta t_i} = \frac{1 - \mathrm{e}^{a\Delta t_i}}{\Delta t_i} \cdot \left[x^{(0)}(t_1) - \frac{u}{a} \right] \cdot \mathrm{e}^{-a(t_i - t_1)}$$

$$(8-28)$$

8.4.3　UGM(1,1)预测模型背景值优化

通过分析 6.4.2 小节 UGM(1,1)预测模型的建模过程可知，参数 a 和 u 的确定直接影响着模型的预测精度，而参数 a 和 u 的取值又取决于背景值的构造形式，因而构造出尽可能准确的背景值计算公式对于提高 UGM(1,1)预测模型的精度和适用范围具有重要意义。目前对背景值优化方面的研究大都针对 GM(1,1)模型，对 UGM(1,1)的背景值优化少有涉及。考虑到 UGM(1,1)与 GM(1,1)的建模过程并

不相同,现有的 GM(1,1)模型背景值优化方法并不能直接应用于 UGM(1,1)预测模型,因此,本章在现有改进方法的基础上,针对 UGM(1,1)预测模型建模特点及背景值构造原理,对 UGM(1,1)预测模型的背景值做了进一步优化,设计并推导出了一种新的背景值计算公式。

由式(8 - 23)可知,在传统 UGM(1,1)预测模型中,$x^{(1)}(t)$ 在离散区间 $[t_{i-1}, t_i]$ 上的背景值 $z^{(1)}(t_i)$ 用 $x^{(1)}(t_{i-1})$ 与 $x^{(1)}(t_i)$ 的平均值表示,其反映在图 8 - 2 中,即为梯形 ABCD 的面积,然而通过分析图 8 - 2 可知,背景值 $z^{(1)}(t_i)$ 的真实值应为 $x^{(1)}(t)$ 与 t 轴所围边梯形的面积。由于 UGM(1,1)预测模型的拟合曲线为指数形式,因此在 $[t_{i-1}, t_i]$ 上传统背景值对应的梯形 ABCD 的面积总要大于真实背景值对应的曲边梯形面积,其差值用 ΔS 表示。若指数曲线 $x^{(1)}(t)$ 的增长速度较慢,则 ΔS 较小,此时用梯形 ABCD 的面积值表示 $z^{(1)}(t_i)$,模型误差不大。但若指数曲线 $x^{(1)}(t)$ 的增长速度过快,则 ΔS 迅速变大,此时用梯形 ABCD 的面积值表示 $z^{(1)}(t_i)$,模型会存在较大误差。

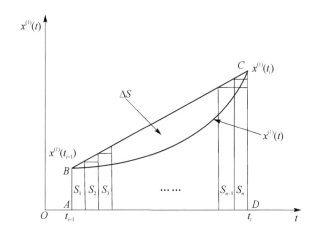

图 8 - 2　UGM(1,1)预测模型背景值构造示意图

考虑到原始数据序列为离散形式,曲线 $x^{(1)}(t)$ 的实际形式无法获取,曲边梯形的真实面积也就难以计算,因此可考虑将区间 $[t_{i-1}, t_i]$ 均分成 n 个小区间,将这 n 个小区间的面积和作为真实面积。当 n 较大时,真实面积会小于 n 个小区间的面积和;当 n 较小时,真实面积会大于 n 个小区间的面积和,因而理论上应存在一个 n 值使得真实面积等于 n 个小区间的面积和。若用该 n 值对应的小区间面积和表示背景值 $z^{(1)}(t_i)$,则会降低 UGM(1,1)预测模型的误差,提高模型的拟合与故障预测精度。谭冠军通过采用经验公式法与试探法对 n 值进行了求解,优化了背景值的构造方式,提高了模型的预测精度,但该方法是基于 GM(1,1)模型设计的,且计算复杂,实现困难。为此,本章针对 UGM(1,1)预测模型建模特点,对背景值的优化方法做了进一步分析研究。

根据数值积分的梯形公式构造 UGM(1,1)预测模型的背景值,即将式(8－21)在区间 $[t_{i-1},t_i]$ 上积分,可得

$$x^{(1)}(t_i)-x^{(1)}(t_{i-1})+a\int_{t_{i-1}}^{t_i}x^{(1)}(t)\,\mathrm{d}t=u(t_i-t_{i-1}) \tag{8－29}$$

由于 $x^{(1)}(t_i)=\sum_{k=1}^{i}x^{(0)}(t_k)\Delta t_k$,$i=2,3,\cdots,n$,因此式(8－29)可表示为

$$x^{(0)}(t_i)\Delta t_i+a\int_{t_{i-1}}^{t_i}x^{(1)}(t)\,\mathrm{d}t=u\Delta t_i \tag{8－30}$$

通过比较分析式(8－30)与式(8－22)可以看出,在利用式(8－21)的解逼近 $x^{(1)}(t)$ 的过程中产生的误差为 $\frac{1}{2}\left[x^{(1)}(t_{i-1})+x^{(1)}(t_i)\right]$ 与 $\int_{t_{i-1}}^{t_i}x^{(1)}(t)\,\mathrm{d}t$ 之间的差值。为此,可令

$$z^{(1)}(t_i)=\int_{t_{i-1}}^{t_i}x^{(1)}(t)\,\mathrm{d}t \tag{8－31}$$

考虑到式(8－21)的解为指数形式,因此 $x^{(1)}(t)$ 可表示为

$$x^{(1)}(t)=A\mathrm{e}^{Bt} \tag{8－32}$$

由于 $(t_{i-1},x^{(1)}(t_{i-1}))$ 和 $(t_i,x^{(1)}(t_i))$ 为曲线 $x^{(1)}(t)$ 经过的两个相邻点,因此有

$$x^{(1)}(t_i)=A\mathrm{e}^{Bt_i} \tag{8－33}$$

$$x^{(1)}(t_{i-1})=A\mathrm{e}^{Bt_{i-1}} \tag{8－34}$$

令

$$\frac{x^{(1)}(t_i)}{x^{(1)}(t_{i-1})}=\frac{A\mathrm{e}^{Bt_i}}{A\mathrm{e}^{Bt_{i-1}}}=\mathrm{e}^{B\Delta t_i} \tag{8－35}$$

对式(8－35)两边同时取对数并整理,可得

$$B=\frac{\ln x^{(1)}(t_i)-\ln x^{(1)}(t_{i-1})}{\Delta t_i} \tag{8－36}$$

将式(8－36)代入式(8－32),可得

$$A=\frac{\left[x^{(1)}(t_i)\right]^{\frac{t_i}{\Delta t_i}}}{\left[x^{(1)}(t_{i-1})\right]^{\frac{t_{i-1}}{\Delta t_i}}} \tag{8－37}$$

将式(8－36)和式(8－37)代入式(8－31)并整理,可构造如下背景值计算公式:

$$z^{(1)}(t_i)=\int_{t_{i-1}}^{t_i}x^{(1)}(t)\,\mathrm{d}t=\frac{\left[x^{(1)}(t_i)-x^{(1)}(t_{i-1})\right]\Delta t_i}{\ln x^{(1)}(t_i)-\ln x^{(1)}(t_{i-1})} \tag{8－38}$$

然而,相对于式(8-27),式(8-32)在利用指数曲线表示 $x^{(1)}(t)$ 的过程中忽略了常数项 u/a。实际上,仅在 u 远小于 $|a|$ 的情况下常数项 u/a 才能被忽略。式(8-32)的表示方法在某些情况下会使设计得到的背景值产生计算偏差,从而影响模型的预测精度。因而,在上述设计的背景值优化方法时,应在 $x^{(1)}(t)$ 的表达式中添加常数项 u/a,以提高 UGM(1,1)预测模型的适用范围及预测精度,即将 $x^{(1)}(t)$ 表示为

$$x^{(1)}(t) = A\mathrm{e}^{Bt} + C \tag{8-39}$$

式中,A、B 和 C 均为待定常数。

由式(8-39)和式(8-31)可得

$$z^{(1)}(t_i) = \frac{1}{\Delta t_i} \cdot \left[\frac{x^{(1)}(t_i) - x^{(1)}(t_{i-1})}{B} + C\right] \tag{8-40}$$

由式(8-39)可得

$$\frac{x^{(1)}(t_i) - C}{x^{(1)}(t_{i-1}) - C} = \frac{A\mathrm{e}^{Bt_i}}{A\mathrm{e}^{Bt_{i-1}}} = \mathrm{e}^{B\Delta t_i}$$

则

$$B = \frac{1}{\Delta t_i} \cdot \left\{\ln\left[x^{(1)}(t_i) - C\right] - \ln\left[x^{(1)}(t_{i-1}) - C\right]\right\} \tag{8-41}$$

对式(8-39)进行累减还原,可得

$$x^{(0)}(t_i) = A\mathrm{e}^{Bt_i} + C - \left[A\mathrm{e}^{(Bt_i - B)} + C\right] = A\mathrm{e}^{Bt_i} \cdot (1 - \mathrm{e}^B) \tag{8-42}$$

则累加序列可表示为

$$x^{(1)}(t_i) = A(1 - \mathrm{e}^{-B}) \cdot \sum_{k=1}^{t_i} \mathrm{e}^{Bk} = A\mathrm{e}^{Bt_i} - A \tag{8-43}$$

对比式(8-43)与式(8-39)可知,$C = -A$。

将 $t_i = 1$ 和 $C = -A$ 代入式(8-39),可得

$$A = \frac{x^{(1)}(1)}{\mathrm{e}^B - 1} \tag{8-44}$$

由式(8-44)和式(8-41)可得

$$B = \frac{1}{\Delta t_i} \cdot \left\{\ln\left[x^{(1)}(t_i) - x^{(1)}(t_1)\right] - \ln x^{(1)}(t_{i-1})\right\}$$

$$C = -A = \frac{x^{(1)}(t_1) \cdot \left[x^{(1)}(t_{i-1})\right]^{\frac{t_i}{\Delta t_i}}}{x^{(0)}(t_i)^{\frac{t_{i-1}}{\Delta t_i}} - x^{(1)}(t_1)}$$

因而,可得如下新背景值计算公式:

$$z^{(1)}(t_i) = \frac{x^{(1)}(t_i) - x^{(1)}(t_{i-1})}{\ln\left[x^{(1)}(t_i) - x^{(1)}(t_1)\right] - \ln x^{(1)}(t_{i-1})} \cdot \Delta t_i +$$

$$\frac{x^{(1)}(t_1) \cdot \left[x^{(1)}(t_{i-1})\right]^{\frac{t_i}{\Delta t_i}}}{x^{(0)}(t_i)^{\frac{t_{i-1}}{\Delta t_i}} - x^{(1)}(t_1)} \qquad (8-45)$$

8.4.4 UGM(1,1)预测模型的局限性

在对 UGM(1,1)预测模型的进一步分析研究中可以发现,对小样本数据进行预测时灰色模型具有良好的预测效果,其计算简便、预测精度高且收敛速度快。但由于模型自身对于非线性的拟合能力较差,其对于小样本非线性数据的预测效果不够理想。

① UGM(1,1)预测模型在求解白化微分方程的过程中,假设的初始条件 $\hat{x}^{(0)}(t_1)=x^{(0)}(t_1)=x^{(1)}(t_1)$ 缺乏理论依据,在 UGM(1,1)预测模型建立过程中,其初始假设条件应根据实际情况进行确定。

② UGM(1,1)预测模型对原始数据序列进行了累加操作,但不同的累加次数会产生不同的点群中心,从而造成拟合曲线的偏差,导致最终得到的预测值不够准确。

③ 由 UGM(1,1)预测模型的建模过程可知,在利用最小二乘法估计出发展系数 a 与灰色作用量 u 的值后,在下一阶段的预测过程中无论时间如何变化、预测多少数据点,这两个参数的值也不再改变,即采用 UGM(1,1)预测模型进行预测时,只有距离起始点较近的点才具有较高的预测精度,其在后续点的预测中对于动态发展的系统已意义不大,这与实际并不相符。而且在灰色系统长期发展变化过程中,相关扰动因素随时间不断变化对系统发展的影响也逐步加强,因而采用 UGM(1,1)预测模型进行长期预测时效果不够理想。

8.5 基于证据理论的 ULS‑SVM 预测

对于导弹而言,其状态的变化受各方面因素的综合影响,其性能特征参数具有小样本、非线性、动态性和不确定性等特点,难以用简单的数学模型进行描述。LS‑SVM 在处理小样本、高维数的非线性问题上具有明显优势,且相对于 SVM 可有效降低求解问题的复杂度,并减少运算时间,因此可采用 LS‑SVM 预测模型对导弹的性能特征参数进行预测。

在预测实践中利用 LS‑SVM 进行预测时,往往仅考虑单一性能特征参数随时间的变化趋势,而并未考虑各性能特征参数间可能存在的相互影响关系。导弹某性能特征参数发生了性能退化,其会对其余性能特征参数的状态造成一定的影响。针对上述问题,本章分别考虑了特征参数在时间和空间上的影响因素,并利用证据理论对二者进行融合,提出了联合最小二乘支持向量机(Unification of Least Squares

Support Vector Machine，ULS－SVM)预测模型。

8.5.1　ULS－SVM 预测思想

随着导弹武器装备的更新换代，导弹电子部件的复杂程度不断增加，表征其性能状态的性能特征参数也不断增多。令表征导弹的性能特征参数集为 $V=(v_1, v_2, \cdots, v_n)$，则通过对导弹的定期测试可获得性能特征参数 v_i，$1 \leqslant i \leqslant n$ 的一组测试数据时间序列 $x_i=(x_{i,1}, x_{i,2}, \cdots x_{i,t})$，$1 \leqslant i \leqslant n$。$x_{i,j}$ 为性能特征参数 v_i 在 j 时刻的测试数据。其中，基于性能特征参数的导弹退化状态预测是指利用当前的测试数据，采用各种智能预测算法来预测之后的性能数据，最后通过预测的性能数据确定导弹的退化状态。

采用传统 LS－SVM 预测导弹各性能特征参数时，往往是给定某性能特征参数 v_i 时刻 t 之前的测试数据 $x_{i,t}, x_{i,t-1}, \cdots, x_{i,t-m+1}$，利用 LS－SVM 拟合映射 f_1 满足 $x_{i,t+1}=f_1(x_{i,t}, x_{i,t-1}, \cdots, x_{i,t-m+1})$，以预测参数 v_i 在 $(t+1)$ 时刻的性能数据 $x_{i,t+1}$，m 为预测嵌入维数。该预测模型仅考虑了某单一性能特征参数独立随时间的变化趋势，本章称之为时间型最小二乘支持向量机(Time－like Least Squares Support Vector Machine，TLS－SVM)，这种预测模型未能反映出导弹各参数间相互耦合关联、相互作用影响的特征。然而，在实际应用中，导弹性能的退化会对多个性能特征参数产生影响，各性能特征参数间的联系正随着装备不断增长的复杂程度变得越来越紧密，即若导弹某性能特征参数发生了性能退化，其会对其余性能特征参数的状态造成一定的影响。为此，本章充分考虑各性能特征参数间的关系，并对 TLS－SVM 进行了改进，提出了空间型最小二乘支持向量机(Space－like Least Squares Support Vector Machine，SLS－SVM)，即给定性能特征参数集 V 在 t 时刻时的测试数据 $x_{1,t}, x_{2,t}, \cdots, x_{n,t}$，利用 LS－SVM 拟合映射 f_2 使其满足 $x_{i,t+1}=f_2 (x_{1,t}, x_{2,t}, \cdots, x_{n,t})$，$1 \leqslant i \leqslant n$ 来预测参数集 V 在时刻 $t+1$ 的性能数据 $x_{i,t+1}$，$1 \leqslant i \leqslant n$。TLS－SVM 和 SLS－SVM 预测模型分别考虑了导弹性能特征参数在时间和空间上的影响因素，为了将两种预测模型融合起来，本章提出了 ULS－SVM 预测模型：选择原始特征参数集 V 在时刻 t 之前的测试数据 $x_{i,t}, x_{i,t-1} \cdots x_{i,t-m}$，$1 \leqslant i \leqslant n$。利用 LS－SVM 拟合映射 f_1 满足 $x_{i,t+1}=f_1(x_{i,t}, x_{i,t-1}, \cdots, x_{i,t-m})$，拟合映射 f_2 满足 $x_{i,t+1}=f_2(x_{1,t}, x_{2,t}, \cdots, x_{n,t})$，$1 \leqslant i \leqslant n$，通过证据理论融合上述两个模型，得到映射 f 满足 $x_{i,t+1}=f(f_1(x_{i,t}, x_{i,t-1}, \cdots x_{i,t-m}), f_2(x_{1,t}, x_{2,t}, \cdots, x_{n,t}))$，从而建立 ULS－SVM 预测模型。

8.5.2　ULS－SVM 预测模型

采用 TLS－SVM 和 SLS－SVM 对导弹退化状态进行预测，特征参数 v_i 在 $(t+1)$

时刻的预测值可分别表示为 $x^1_{i,t+1}$，$x^2_{i,t+1}$。根据组合预测理论，利用上述 2 个预测值可构造组合函数：

$$x_{i,t+1} = f(x^1_{i,t+1}, x^2_{i,t+1}) \tag{8-46}$$

式中，$x_{i,t+1}$ 表示特征参数 v_i 在 $(t+1)$ 时刻的组合预测值。本章考虑组合函数的加权形式：

$$x_{i,t+1} = w^1_{i,t+1} x^1_{i,t+1} + w^2_{i,t+1} x^2_{i,t+1} \tag{8-47}$$

式中，$w^j_{i,t+1}$ 表示分配给第 j 个预测模型的权重。

由式（8-47）可知，TLS-SVM 与 SLS-SVM 权重的确定对于模型的预测精度有着重要影响。传统的权重分配往往凭借相关专家的经验，虽然得到的权重分配结果符合人们的直观思维，但其主观性过强，缺乏科学的理论依据。针对该问题，本章考虑到 D-S 证据理论在处理不确定信息方面的优势及无须先验概率、计算简便等优点，将 TLS-SVM 与 SLS-SVM 的预测结果作为证据，并通过对每次预测结果的融合进行权重分配，进而构建了 ULS-SVM 预测模型，具体模型结构如图 8-3 所示。

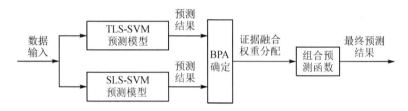

图 8-3　ULS-SVM 模型结构

8.5.3　BPA 的确定

对于 TLS-SVM 和 SLS-SVM，其对应的预测模型可分别表示为 f_1、f_2，二者组成模型识别框架 $U = \{f_1、f_2\}$。假设利用 TLS-SVM 和 SLS-SVM 分别进行了 s 次预测，则证据集可表示为 $E = (e_1, e_2, \cdots, e_s)$。$m_i(f_j)$ 表示证据 e_i 支持 TLS-SVM 或 SLS-SVM 预测模型的程度，称为证据的基本概率赋值（BPA），即第 i 次预测后赋予第 j 种预测模型的 BPA 值，其中 $i = 1, 2, \cdots, s$，$j = 1, 2$。对于 $U = \{f_1, f_2\}$，预测结果相对误差越小，相应的 BPA 值应该越大。因此，本章设计的 BPA 计算方法如下：

$$m_i(f_j) = \frac{1/\varepsilon_i(f_j)}{\sum_{j=1}^{2} [1/\varepsilon_i(f_j)]} \tag{8-48}$$

$$m_i(U) = 0 \tag{8-49}$$

$$\varepsilon_i(f_j) = \frac{|x_i - x'_i(f_j)|}{|x_i|} \tag{8-50}$$

式中,$\varepsilon_i(f_j)$ 为第 i 次预测时第 j 种预测模型方法的预测相对误差;x_i 为第 i 次预测时性能特征参数的实测值;$x'_i(f_j)$ 为第 i 次预测时采用第 j 种预测模型方法的预测值。

由于每进行一次预测就会产生一个新证据,因此需要考虑新产生的证据与先前证据的动态融合问题。容易证明,合成公式(3 - 18)满足马尔科夫条件。在此条件下,当进行第 i 次预测时,产生的证据 m_i 只需要与前 $(i-1)$ 次的合成结果 $f_{i-1}(m_1,m_2,\cdots,m_{i-1})$ 融合,其融合结果即包含了前 $(i-1)$ 个证据的所有信息。

8.5.4　权重的分配

由式(8 - 48)~式(8 - 50)可知,预测结果的相对误差越小,与之对应的预测模型的 BPA 值就越大,表明该预测模型的效果更好,从而在 ULS - SVM 预测模型中分配的权重就应越大。由此以模型的客观精度为衡量指标,权重的分配如下:

$$w_{i,j} = \frac{m_{I(i)}(f_j)}{\sum\limits_{j=1}^{2} m_{I(i)}(f_j)} \tag{8 - 51}$$

式中,$m_{I(i)}(f_j)$ 表示第 i 次预测后利用 D - S 证据理论合成式(4 - 18)得到的第 j 种预测模型的融合 BPA 值;$w_{i,j}$ 表示第 i 次预测后分配给第 j 种预测模型的权重,由于 $\sum\limits_{j=1}^{2} m_{I(i)}(f_j) = 1$,因而式(8 - 51)也可理解为将组合预测的权值定义为相应预测模型的融合 BPA 值。按照权重分配公式,显然 $w_{i,j}$ 越大,其对应的预测模型越重要,且满足 $\sum\limits_{j=1}^{2} w_{i,j} = 1$。本章设计的权重分配方法是动态更新的,即根据新产生的证据与先前证据的动态融合来确定权重的分配,增强了模型对新加入数据的适应性,融合了多次预测结果的相对误差,具有较强的融合性与动态特性,是一种较为客观的权重分配方式。

8.5.5　ULS - SVM 预测算法

本章设计的 ULS - SVM 算法的运算步骤如下:

步骤一:给定特征参数 v_i 的一组待预测测试数据序列 $x_i = (x_{i,1}, x_{i,2}, \cdots, x_{i,N})$,$1 \leqslant i \leqslant n$,$1 \leqslant j \leqslant N$,$x_{i,j}$ 为特征参数 v_i 在 j 时刻的测试数据。

步骤二:设定预测次数 s,并对训练测试数据序列 $x'_i = (x_{i,1}, x_{i,2}, \cdots, x_{i,N-s})$ 进行相空间重构,m 为嵌入维数。对于 TLS - SVM,重构后的测试数据如下:

$$\boldsymbol{X} = \begin{bmatrix} x_{i,1} & x_{i,2} & \cdots & x_{i,m} \\ x_{i,2} & x_{i,3} & \cdots & x_{i,m+1} \\ \vdots & \vdots & \ddots & \vdots \\ x_{i,N-s-m} & x_{i,N-s-m+1} & \cdots & x_{i,N-s-1} \end{bmatrix}, \quad \boldsymbol{Y} = \begin{bmatrix} x_{i,m+1} \\ x_{i,m+2} \\ \vdots \\ x_{i,N-s} \end{bmatrix}$$

对于 SLS – SVM，重构后的测试数据如下：

$$\boldsymbol{X} = \begin{bmatrix} x_{1,m} & x_{2,m} & \cdots & x_{n,m} \\ x_{1,m+1} & x_{2,m+1} & \cdots & x_{n,m+1} \\ \vdots & \vdots & \ddots & \vdots \\ x_{1,N-s-1} & x_{2,N-s-1} & \cdots & x_{n,N-s-1} \end{bmatrix} \qquad \boldsymbol{Y} = \begin{bmatrix} x_{i,m+1} \\ x_{i,m+2} \\ \vdots \\ x_{i,N-s} \end{bmatrix}$$

步骤三：确定 TLS – SVM 与 SLS – SVM 预测模型中的相关参数。考虑到径向基核函数具有较强的泛化能力，因而这里选用高斯径向基函数 $K(\boldsymbol{x}_i, \boldsymbol{x}_j) = \exp\{-\parallel \boldsymbol{x}_i - \boldsymbol{x}_j \parallel^2 / 2\delta^2\}$ 作为核函数；调用 MATLAB 中 LS – SVM 工具箱的交叉检验函数（crossvalidatelssvm）和网格搜索函数（gridsearch）可求解出最优正则化参数 γ 与核函数宽度 δ；利用 FPE 准则可确定出最佳嵌入维数 m。

步骤四：分别采用 TLS – SVM 与 SLS – SVM 对训练测试数据序列 $x_i' = (x_{i,1}, x_{i,2}, \cdots, x_{i,N-s})$ 进行预测，并将预测结果代入式（8 – 48）～式（8 – 50）求得本次预测相应预测模型的 BPA 值。

步骤五：利用证据理论合成公式（3 – 18）对本次预测得到的 BPA 值与上次预测得到的融合 BPA 值进行合成，得到本次相应预测模型的融合 BPA 值。

步骤六：若达到设定的预测次数 s，则可通过式（8 – 51）求得组合预测的权值 $w_{i,j}$；否则进行下一次预测。

步骤七：分别采用 TLS – SVM 与 SLS – SVM 对待预测测试数据序列 $x_i = (x_{i,1}, x_{i,2}, \cdots, x_{i,N})$ 进行预测，并将预测结果与由步骤六得到的权值 $w_{i,j}$ 代入式（8 – 47），即可求得组合预测值 $x_{i,N+1}$。

ULS – SVM 预测算法流程如图 8 – 4 所示。

8.6　基于 UGM(1,1) – ULSSVM 的导弹退化状态预测

由于导弹结构的复杂性及退化状态预测的难点，在实际应用中，单一预测方法往往存在很多缺陷，将两种或多种预测方法相结合，能够有效拓宽预测模型的应用范围，提高预测精度或预测效率，具有更好的工程实践意义。由于 ULS – SVM 预测模型无法直接利用非等间隔测试数据，且原始测试数据存在小样本，相互耦合关联性强等问题，本章对优化背景值 UGM(1,1) 和 ULS – SVM 进行组合，提出了一种基于 UGM – ULSSVM 预测模型的导弹退化状态预测方法。

8.6.1　UGM(1,1) – ULSSVM 预测思想

通过前文对优化背景值 UGM(1,1) 预测模型与 ULS – SVM 预测模型的分析可知，这两种预测模型对小样本数据的预测均可取得较好的预测效果。优化背景值

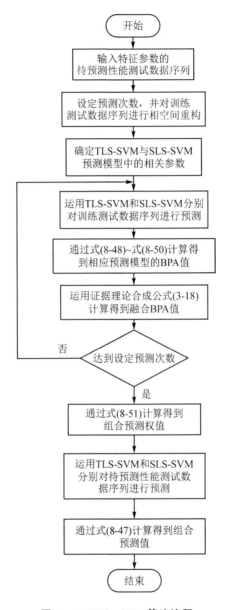

图 8 - 4　ULS - SVM 算法流程

UGM(1,1)预测模型可直接利用非等间隔数据建模,其在处理非等间隔数据方面具有明显优势,但对于具有显著波动性的数据序列,优化背景值 UGM(1,1)预测模型效果不够理想,传统灰色预测理论仍存在一定的局限性,使得预测结果不够准确。ULS - SVM 预测模型考虑了导弹各性能特征参数相互关联性强,某一性能特征参数的状态变化会在一定程度上影响或反映其他性能特征参数状态的变化,但模型的建立是基于等间隔数据序列。导弹各性能特征参数间耦合关联性强,预测精度要求高,单一预测模型的预测精度及适用范围往往难以满足日益增长的预测需求,因而本章对优化背景值 UGM(1,1) 预测模型和 ULS - SVM 预测模型进行组合,在预测过程中实现这两种预测模型的优势互补,以达到增强适用范围,提高预测精度的目的。

灰色模型与 SVM 模型的组合模型是近几年研究的热点问题,通过分析国内外相关文献,其组合形式大致可分为以下 3 种:第 1 种是在通过灰色关联分析方法得到系统的关键影响因子之后,将关键因子作为 SVM 预测模型的输入,进而建立基于灰色关联分析的 SVM 预测模型。该组合方法可有效缩减数据维数,降低 SVM 模型的空间复杂度与时间复杂度。第 2 种是首先利用灰色模型中的累加操作对原始数据进行预处理,然后再利用 SVM 模型对处理后的数据进行建模。该组合方法充分利用了灰色模型与 SVM 的优点,可有效提高模型的预测精度。第 3 种是利用灰色模型和 SVM 模型分别进行预测得到 2 组预测值后,基于一定指标的约束,选取最佳组合权重对这 2 组预测值进行加权处理,得到的组合预测值即为最终预测值。该组合方法的关键是对权值的选取,可在一定程度上提高模型的预测精度。

通过分析现有的灰色理论与 SVM 的组合形式,针对导弹退化状态预测存在的性能退化数据不等间隔、小样本的问题,并考虑各性能特征参数间的相互影响、相互影响的关系,本章提出一种基于 UGM - ULSSVM 预测模型的退化状态预测方法。该方法的主要预测思想是:在模型的训练阶段,根据性能特征参数序列建立其优化背景值 UGM(1,1) 模型,将优化背景值 UGM(1,1) 的拟合值作为输入,原始数据序列作为输出,分别训练 TLS - SVM 与 SLS - SVM;在模型的预测阶段,将优化背景值 UGM(1,1) 模型和通过证据理论融合 TLS - SVM 与 SLS - SVM 得到的 ULS - SVM 预测模型组合,得到 UGM - ULSSVM 退化状态预测模型。

该预测方法解决了原始数据不完整、状态数据不等间隔的问题,并考虑了各性能特征参数间的相互影响、相互关联的关系,结合了灰色模型和 SVM 的优点:首先,通过灰色预测中的累加生成操作,使原始数据序列的规律性更加明显并减弱了相关因素的干扰;其次,利用了 LS - SVM 在处理非线性问题方面的优势及良好的泛化能力,使模型的预测精度得到了很大提升。

8.6.2 UGM(1,1) - ULSSVM 预测模型

令表征导弹状态的性能特征参数集为 $V = (v_1, v_2, \cdots, v_n)$,通过整理导弹历次测试数据,可获得性能特征参数 $v_i, 1 \leqslant i \leqslant n$ 的一组非等间隔测试数据时间序列 $\boldsymbol{x}_{i,t} = (x_{i,1}, x_{i,2}, \cdots, x_{i,t}), 1 \leqslant i \leqslant n, x_{i,j}$ 为性能特征参数 v_i 在 j 时刻的测试数据。根据 8.4 节的方法建立优化背景值 UGM(1,1) 预测模型,并对时间序列 x_i 进行预测,可得时间序列 $\boldsymbol{x}_{i,t}$ 的拟合值序列 $\hat{\boldsymbol{x}}_{i,t} = (\hat{x}_{i,1}, \hat{x}_{i,2}, \cdots, \hat{x}_{i,t})$ 与故障预测值序列 $\boldsymbol{x}'_{i,l} =$

$(x'_{i,t+1}, x'_{i,t+2}, \cdots, x'_{i,t+l})$，其中 l 为利用 UGM(1,1)预测模型对原始数据预测的步数。以拟合值序列 $\hat{\boldsymbol{x}}_{i,t} = (\hat{x}_{i,1}, \hat{x}_{i,2}, \cdots, \hat{x}_{i,t})$ 为输入、实测值序列 $\boldsymbol{x}_{i,t} = (x_{i,1}, x_{i,2}, \cdots, x_{i,t})$ 为输出，分别训练 TLS‐SVM 与 SLS‐SVM，并根据 6.5 节提出的方法建立 ULS‐SVM 预测模型。利用得到的 ULS‐SVM 预测模型对序列 $\boldsymbol{x}_{i,t} = (x_{i,1}, x_{i,2}, \cdots, x_{i,t})$ 进行预测，以拟合序列 $\hat{\boldsymbol{x}}_{i,t} = (\hat{x}_{i,1}, \hat{x}_{i,2}, \cdots, \hat{x}_{i,t})$ 为输入，可得到 UGM(1,1)‐ULSSVM 的 1 步预测模型：

$$x_{i,t+1} = f(x^1_{i,t+1}, x^2_{i,t+1}) \tag{8-52}$$

模型的具体表达形式及相关参数的确定已在 8.5 节进行了介绍，这里不再赘述。将 $x'_{i,t+1}$ 加入拟合序列，可得到新的输入序列 $\hat{\boldsymbol{x}}_{i,t+1} = (\hat{x}_{i,1}, \hat{x}_{i,2}, \cdots, \hat{x}_{i,t}, x'_{i,t+1})$，以序列 $\hat{\boldsymbol{x}}_{i,t+1}$ 为输入，则可得 2 步预测模型。依次类推，第 k 步的输入序列可表示为 $\hat{\boldsymbol{x}}_{i,t+k} = (\hat{x}_{i,1}, \hat{x}_{i,2}, \cdots \hat{x}_{i,t}, x'_{i,t+1}, x'_{i,t+2}, \cdots, x'_{i,t+k})$，则第 k 步的 UGM(1,1)‐ULSSVM 预测模型可表示为

$$x_{i,t+k} = f(x^1_{i,t+k}, x^2_{i,t+k}) \tag{8-53}$$

本章建立的 UGM‐ULSSVM 预测模型结构如图 8‐5 所示。

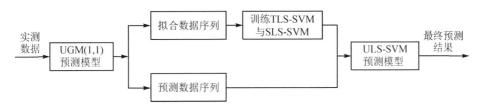

图 8‐5　UGM(1,1)‐ULSSVM 模型结构图

8.6.3　UGM(1,1)‐ULSSVM 预测流程

本章设计的 UGM(1,1)‐ULSSVM 预测算法流程如图 8‐6 所示。

8.7　案例分析

以某单位贮存状态下某导弹为研究对象，该导弹从 2014 年至 2022 年，由于作战需求及日常训练的需要，共记录了 14 组不等间隔的测试数据。将前 12 组测试数据用于训练学习，对后 2 组测试数据进行预测，并将预测结果同实际数据进行对比，以检验本章设计的 UGM(1,1)‐ULSSVM 预测模型的效果。

考虑到导弹性能特征参数众多，这里仅对导弹较易发生故障的 4 个性能特征参数 v_1、v_2、v_3、v_4 进行退化状态预测。对于其余性能特征参数，可选用相同的方法进行预测。原始测试数据如表 8‐1 所列。

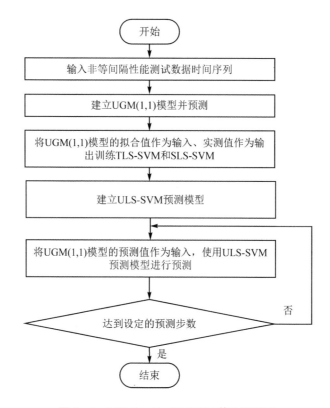

图 8 - 6　UGM(1,1)- ULSSVM 算法流程图

表 8 - 1　原始测试数据

预测参数	测试时间						
	2014 年 9 月	2015 年 3 月	2016 年 3 月	2016 年 10 月	2017 年 2 月	2018 年 3 月	2018 年 11 月
v_1	4.200 0	4.270 0	4.300 0	4.210 0	4.250 0	4.300 0	4.240 0
v_2	10.010 0	9.850 0	10.070 0	9.840 0	9.980 0	9.910 0	10.590 0
v_3	36.800 0	37.200 0	37.200 0	37.200 0	37.000 0	36.600 0	36.600 0
v_4	0.490 0	0.460 0	0.470 0	0.390 0	0.460 0	0.470 0	0.610 0
预测参数	测试时间						
	2019 年 3 月	2019 年 9 月	2020 年 2 月	2020 年 9 月	2021 年 9 月	2022 年 3 月	2022 年 8 月
v_1	4.240 0	4.240 0	4.240 0	4.140 0	4.140 0	4.130 0	4.130 0
v_2	10.480 0	10.100 0	10.040 0	10.080 0	10.040 0	10.020 0	10.030 0
v_3	36.600 0	36.600 0	36.600 0	37.000 0	37.000 0	37.000 0	37.000 0
v_4	0.570 0	0.610 0	0.610 0	0.530 0	0.520 0	0.510 0	0.560 0

8.7.1　UGM(1,1)预测

通过分析 8.4.2 小节 UGM(1,1)预测模型的建模过程可知,背景值的构造形式是影响模型精度的重要因素。分别采用传统背景值计算公式(8-23)与本章优化的背景值计算公式(8-45)建立 UGM 预测模型,并利用 MATLAB 软件编程计算,对表 8-1 中的前 12 组数据进行预测,各参数拟合效果对比见图 8-7~图 8-10,拟合值与预测值及其平均相对误差见表 8-2 和表 8-3。

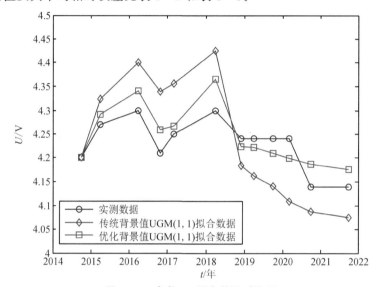

图 8-7　参数 v_1 拟合效果对比图

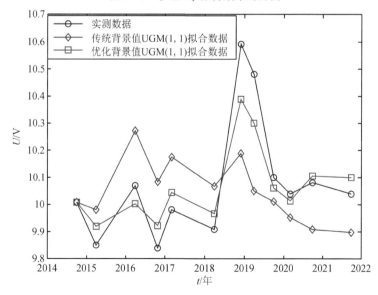

图 8-8　参数 v_2 拟合效果对比图

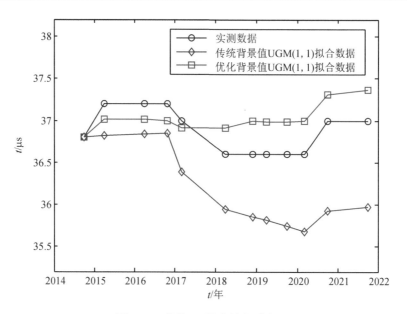

图 8-9 参数 v_3 拟合效果对比图

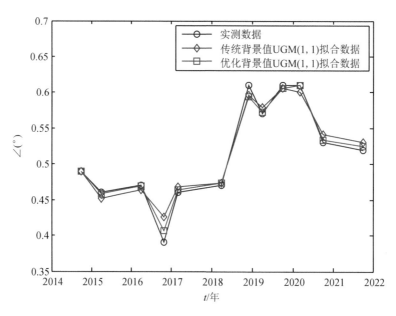

图 8-10 参数 v_4 拟合效果对比图

由上述图表可以看出,对于 v_1、v_2 和 v_3 等大部分导弹的性能特征参数而言,UGM(1,1)预测模型可以对其非等间隔测试数据序列进行较好地拟合与故障预测。然而,由于 UGM(1,1)的局限性,对于 v_4 这样波动性较大的参数而言,模型的效果不够理想。通过对比表 8-2 和表 8-3 中的数据可以明显看出,相对于传统背景值构造方式下的 UGM(1,1) 预测模型,本章设计的优化背景值下的 UGM(1,1) 预测模型拟合与故障预测精度更高,且新的背景值计算公式计算简便,易于实现。

表 8 - 2　不同背景值构造方式下 UGM(1,1) 预测模型拟合值及平均相对误差

测试时间	传统背景值下的 UGM(1,1) 模型				优化背景值下的 UGM(1,1) 模型			
	v_1 拟合值	v_2 拟合值	v_3 拟合值	v_4 拟合值	v_1 拟合值	v_2 拟合值	v_3 拟合值	v_4 拟合值
2014 年 9 月	4.200 0	10.010 0	36.800 0	0.490 0	4.200 0	10.010 0	36.800 0	0.490 0
2015 年 3 月	4.323 8	9.981 4	36.823 9	0.431 4	4.291 8	9.921 4	37.013 9	0.441 4
2016 年 3 月	4.400 1	10.272 8	36.836 6	0.443 8	4.340 1	10.002 8	37.011 2	0.453 8
2016 年 10 月	4.339 4	10.084 2	36.843 2	0.446 4	4.259 4	9.924 2	36.993 2	0.436 4
2017 年 2 月	4.356 7	10.175 7	36.382 9	0.499 4	4.266 7	10.045 7	36.912 9	0.492 4
2018 年 3 月	4.425 1	10.067 3	35.942 7	0.522 8	4.365 1	9.967 3	36.912 7	0.512 8
2018 年 11 月	4.183 5	10.188 9	35.852 5	0.526 5	4.223 5	10.388 9	36.992 5	0.518 5
2019 年 3 月	4.161 9	10.050 5	35.812 3	0.520 6	4.221 9	10.300 5	36.982 3	0.509 8
2019 年 9 月	4.140 4	10.012 2	35.742 2	0.535 0	4.210 4	10.062 2	36.982 2	0.549 5
2020 年 2 月	4.108 9	9.953 9	35.672 2	0.545 9	4.198 9	10.013 9	36.992 2	0.552 8
2020 年 9 月	4.087 4	9.908 7	35.922 1	0.485 2	4.187 4	10.105 7	37.312 1	0.496 2
2021 年 9 月	4.073 9	9.897 5	35.972 2	0.450 9	4.175 9	10.101 5	37.362 2	0.478 4
平均相对误差/%	1.96	1.84	1.76	9.41	0.75	0.72	0.73	7.90

表 8 - 3　不同背景值构造方式下 UGM(1,1) 预测模型预测值及平均相对误差

测试数据			传统背景值下的 UGM(1,1) 模型		优化背景值下的 UGM(1,1) 模型	
测试参数	测试时间	实测值	预测值	相对误差/%	预测值	相对误差/%
v_1	2022 年 3 月	4.130 0	4.227 1	2.35	4.164 5	0.84
	2022 年 8 月	4.130 0	4.240 3	2.67	4.182 6	1.27
v_2	2022 年 3 月	10.020 0	10.301 6	2.81	10.219 4	1.99
	2022 年 8 月	10.030 0	10.358 0	3.27	10.241 3	2.11
v_3	2022 年 3 月	37.000 0	36.204 5	2.15	36.632 2	0.99
	2022 年 8 月	37.000 0	36.008 4	2.68	36.592 3	1.10
v_4	2022 年 3 月	0.510 0	0.578 7	13.47	0.556 4	9.10
	2022 年 8 月	0.560 0	0.651 8	16.39	0.623 5	11.34

8.7.2　ULS‑SVM 模型的建立

将表 8‑2 中优化背景值 UGM(1,1)预测模型的拟合值作为输入,表 8‑1 中的实测值作为输出训练本章设计的 ULS‑SVM 模型,设定预测次数为 2 次,运用 TLS‑SVM 和 SLS‑SVM 分别对拟合输入训练样本进行预测,预测结果如表 8‑4 所列。

表 8‑4　不同方法训练预测值

预测参数	TLS‑SVM		SLS‑SVM	
	第1次预测	第2次预测	第1次预测	第2次预测
v_1	4.251 2	4.274 2	4.241 3	4.243 4
v_2	10.038 7	10.056 6	10.046 5	10.027 0
v_3	36.626 1	36.611 3	36.627 8	36.708 3
v_4	0.594 5	0.599 1	0.603 2	0.603 4

将表 8‑4 中的数据代入式(8‑48)~式(8‑50),可分别得出 2 次预测时各性能特征参数隶属于 TLS‑SVM 和 SLS‑SVM 的 BPA 值,如表 8‑5 所列。

表 8‑5　训练时各参数 BPA

预测参数	BPA(f_1)		BPA(f_2)	
	第1次预测	第2次预测	第1次预测	第2次预测
v_1	0.476 7	0.435 2	0.523 3	0.564 8
v_2	0.447 9	0.439 2	0.552 1	0.560 8
v_3	0.498 9	0.428 7	0.501 1	0.571 3
v_4	0.531 6	0.513 2	0.468 4	0.486 8

运用式(3‑18)对表 8‑5 中两次预测结果进行融合,可得各参数最终的 BPA 值,如表 8‑6 所列,将表 8‑6 中的数据代入式(8‑51)即可得到 ULS‑SVM 预测模型中 TLS‑SVM 和 SLS‑SVM 模型的权重。

表 8‑6　融合后各参数 BPA

测试参数	BPA(f_1)	BPA(f_2)
v_1	0.412 4	0.587 6
v_2	0.388 5	0.611 5
v_3	0.427 6	0.572 4
v_4	0.544 7	0.455 3

8.7.3　UGM(1,1)- ULSSVM 预测

将表 8 - 3 中优化背景值 UGM(1,1)预测模型的预测值加入拟合序列作为
UGM(1,1)- ULSSVM 预测模型的输入序列,即可对导弹 2014 年的测试数据进行
预测。为检验本章设计方法的有效性,分别运用优化背景值 UGM(1,1)预测方法、
优化背景值 UGM(1,1)和 TLS - SVM 相结合的预测方法、优化背景值 UGM(1,1)
和 SLS - SVM 相结合的预测方法及本章设计的 UGM(1,1)- ULSSVM 预测方法,
对 2014 年内的两组测试数据进行预测,各参数预测曲线如图 8 - 11～图 8 - 14 所示,
预测结果如表 8 - 7 所列。

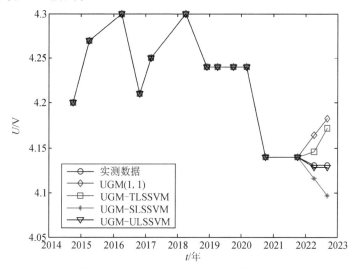

图 8 - 11　参数 v_1 各预测方法预测曲线

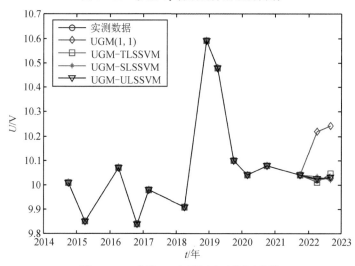

图 8 - 12　参数 v_2 各预测方法预测曲线

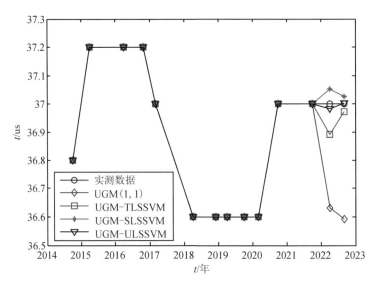

图 8 - 13　参数 v_3 各预测方法预测曲线

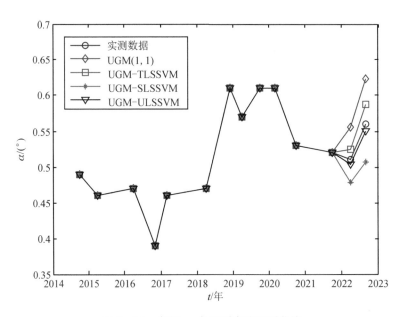

图 8 - 14　参数 v_4 各预测方法预测曲线

表8-7 各方法预测结果

测试数据			UGM(1,1)		UGM(1,1)-TLSSVM		UGM(1,1)-SLSSVM		本章预测方法	
测试参数	测试时间	实测值	预测值	相对误差/%	预测值	相对误差/%	预测值	相对误差/%	预测值	相对误差/%
v_1	2022 年 3 月	4.130 0	4.164 5	0.84	4.145 8	0.38	4.115 5	0.35	4.128 0	0.05
	2022 年 8 月	4.130 0	4.182 6	1.27	4.171 6	1.01	4.096 9	0.80	4.127 7	0.06
v_2	2022 年 3 月	10.020 0	10.219 4	1.99	10.012 2	0.08	10.034 8	0.15	10.026 0	0.06
	2022 年 8 月	10.030 0	10.241 3	2.11	10.046 9	0.17	10.021 5	0.08	10.031 4	0.01
v_3	2022 的 3 月	37.000 0	36.632 2	0.99	36.889 8	0.30	37.051 2	0.14	36.982 2	0.05
	2022 年 8 月	37.000 0	36.592 3	1.10	36.970 3	0.08	37.027 0	0.07	37.002 8	0.01
v_4	2022 年 3 月	0.510 0	0.556 4	9.10	0.524 9	2.92	0.478 8	6.12	0.503 9	1.19
	2022 年 8 月	0.560 0	0.623 5	11.34	0.587 8	4.96	0.506 7	9.52	0.550 9	1.63

8.7.4 预测结果分析

由图 8-11～图 8-14 和表 8-7 可以看出,本章设计的 UGM-ULSSVM 预测方法可以很好地处理非等间隔数据,且对导弹测试数据的预测而言,采用优化背景值 UGM(1,1)预测模型与 LS-SVM 预测模型相结合的方法相对于单一优化背景值 UGM(1,1)预测方法具有更高的预测精度。对于 v_4 等时间相关性明显的性能特征参数,采用 UGM-TLSSVM 预测方法的预测精度要优于 UGM-SLSSVM 预测方法;对于 v_1、v_2、v_3 等空间相关性明显的特征参数,采用 UGM-SLSSVM 预测方法要优于 UGM-TLSSVM 预测方法。而本章设计的 UGM-ULSSVM 预测方法,综合考虑了测试数据的非等间隔性与性能特征参数在时间和空间上的相关性,其预测精度要高于 UGM-TLSSVM 和 UGM-SLSSVM,或优于二者之一,在预测导弹的性能特征参数时,具有很高的预测精度。为了更直观地对各预测方法的预测结果进行对比分析,本章采用平均相对误差(ARE)、拟合有效度(M_p)与故障预测有效度(M_f)作为评价指标对预测结果做定量分析,其结果如表 8-8 所列。

由表 8-8 可知,通过比较各方法预测结果的相关指标,相对于 UGM(1,1)、UGM-TLSSVM、UGM-SLSSVM 预测方法,本章设计的 UGM-ULSSVM 预测模型的 ARE 更低,模型的拟合有效度与故障预测有效度也有明显提高,从而验证了本章设计的预测方法的合理性与有效性。且本章设计的 UGM-ULSSVM 预测方法具有很强的组合性与动态特性,推理形式简单,具有较强的工程应用价值。

采用相同的方法可对 2022 年 3 月与 2022 年 8 月测试时的导弹其余性能特征参

数进行预测,得到各性能特征参数的预测值之后,可利用本章设计的方法分别对这两次测试时的导弹进行状态评估,其结果分别均为较好状态、堪用状态,该评估结果与基于实测值的状态评估结果一致,因此表明本章设计的导弹退化状态预测方法是合理、有效的。

表 8 - 8　各方法预测结果对比

预测参数	UGM(1,1)			UGM - TLSSVM		
	ARE/%	M_p	M_f	ARE/%	M_p	M_f
v_1	1.055 0	0.988 4	0.987 3	0.695 0	0.991 3	0.989 9
v_2	2.050 0	0.987 5	0.978 9	0.125 0	0.999 1	0.998 3
v_3	1.045 0	0.989 3	0.989 0	0.190 0	0.998 2	0.997 0
v_4	10.220 0	0.885 2	0.887 8	3.940 0	0.952 7	0.950 8
预测参数	UGM - SLSSVM			UGM - ULSSVM		
	ARE/%	M_p	M_f	ARE/%	M_p	M_f
v_1	0.575 0	0.993 4	0.992 0	0.055 0	0.999 6	0.999 4
v_2	0.115 0	0.999 3	0.998 5	0.035 0	0.999 6	0.999 4
v_3	0.105 0	0.998 9	0.998 6	0.030 0	0.999 7	0.999 5
v_4	7.820 0	0.916 7	0.906 2	1.410 0	0.984 9	0.983 8

8.8　本章小结

本章针对导弹性能特征参数的测试数据不等间隔、小样本等问题,并考虑各性能特征参数间的相互影响、相互关联的关系,对基于特征参数的导弹退化状态预测方法进行了研究,主要成果如下:

① 针对非等间隔序列,建立了 UGM(1,1)预测模型。考虑到传统 UGM(1,1)预测模型通常采用两点平滑的背景值计算公式,而该计算公式在 UGM(1,1)预测模型的相关参数增大时会降低其适用性,本章针对 UGM(1,1)预测模型建模特点及背景值构造原理,设计并推导出了一种新的 UGM(1,1)预测模型背景值计算公式。

② 导弹为导弹系统的重要组成部分,其某一特征参数的变化会在一定程度上影响或反映其他特征参数的变化。针对传统基于特征参数的状态预测存在的问题,建立了 ULS - SVM 预测模型,该模型综合考虑了特征参数的时间与空间特性,并以各模型客观误差为指标,运用证据合成的方法动态选取权重,增强了模型对新数据的适应性,避免了专家经验方法的主观性。

③ 对优化背景值 UGM(1,1)预测模型和 ULS - SVM 预测模型进行了组合,提

出了一种基于 UGM‐ULSSVM 预测模型的导弹退化状态预测方法。该方法利用
灰色预测中的累加生成,使原始数据序列的规律性更加明显并减弱了相关随机扰动
因素的影响;利用 LS‐SVM 在处理非线性问题方面的优势及良好的泛化能力,使模
型的预测精度得到了很大提升,克服了常用预测模型无法直接利用非等间隔数据进
行预测的问题,并考虑了各性能特征参数间相互影响、相互关联的关系。

　　④ 通过实例分析,并与其他预测方法进行对比,表明本章设计的 UGM‐ULSS-
VM 预测方法具有较高的预测精度,且计算简便,可对导弹的退化状态进行较好的
预测。

第9章 导弹状态评估与故障
预测系统设计与实现

9.1 引　言

在日常烦杂的导弹装备管理工作中,要实现精细化管理,需要准确掌握导弹装备的质量状态。具体来讲,在基层部队导弹装备年检工作中,必须准确评估和预测导弹装备从参数、单机、分系统到整弹系统、批量导弹的质量状态,从而更有针对性地制订装备采购、使用、维修等工作计划;在军事代表机构中,需要掌握和对比不同批次、型号导弹装备的质量状态,从而更好地保证导弹装备的质量状态,另一方面需要对比不同单位、不同批次的导弹装备的质量状态,分析总结不同地域、使用与存储环境等因素对导弹装备质量状态的影响,为导弹部队作战规划的调整、导弹装备质量的监督管理提供技术支持;对科研院所和院校来讲,发挥技术优势为机关、基层部队、军事代表机构导弹装备状态评估与故障预测提供支持,进行导弹装备全寿命周期内的状态一体化分析、为导弹装备的更新换代及新型号研制提供参考借鉴,这些工作都需要与这些单位交流装备状态信息、提供远程技术支持。

基于上述考虑,导弹状态评估与故障预测系统要立足当前信息化时代的发展成果,充分利用人工智能、信息融合、大数据分析等技术,建立一套科学合理的导弹装备状态评估体系,以实现导弹装备状态的信息化、智能化评估与预测。

针对导弹装备状态评估与故障预测实施人为因素影响大,凭经验、速度慢难以适应装备精细化管理工作发展和装备作战运用需求等问题,运用系统工程理论及分析方法,基于面向对象的软件开发环境,设计导弹状态评估与故障预测系统,实现导弹性能参数、单机、分系统、系统性能质量信息的综合管理、状态评估与故障预测、评估及预测结果的统计分析等目标,为装备作战运用决策和精细化管理决策提供技术支持,进一步促进部队装备信息化建设。

9.2 系统总体设计

9.2.1 设计原则

在导弹状态评估与故障预测系统的设计与实现过程中,主要考虑以下原则:

① 准确性。准确性是设计导弹状态评估与故障预测系统的根本原则,状态评估、故障预测结果与导弹装备实际质量状态相符合,是该软件能否推广应用的根本标准。

② 安全性。由于该软件的数据和性能的保密需求,需要控制该软件的访问权限,只有被授权的用户才能访问相应的系统功能。

③ 可交互性。系统在实现各模块功能的过程中,有时不能马上得出最终结果,很多时候会在使用过程中提示用户确认路径或输入新的事实,这时需要跟系统进行交互,以便能够继续推理。例如在模型构建过程中,用户根据自身需要不断与系统交互才能构建出符合要求的模型。

④ 可扩展性。随着导弹装备的更新换代及历史数据的不断积累,该系统的评估、故障预测模型、算法需要不断丰富,数据库要能够扩展。

⑤ 界面友好。友好的用户界面能够使业务流程清晰、操作简便,合理的功能布局、美观大方的界面,容易让用户接受。系统开发过程中要考虑人们的使用习惯,从符合大多数人使用习惯的角度来开发友好的用户界面。

9.2.2 系统需求分析

在深入研究导弹装备状态评估与故障预测理论和方法的基础上,结合国内外研究现状分析和对基层部队、军事代表机构、装备维修单位的导弹装备使用管理现状的调研结果,可知导弹状态评估与故障预测系统的功能需求主要体现在以下几个方面。

(1) 海量状态信息管理功能需求

随着导弹装备的不断发展,大量新型号导弹装备不断列装部队。而每一枚导弹在研制、生产、服役使用、维修直至退役报废的全寿命周期过程中,都会产生海量的状态数据信息,如导弹的测试信息,装备隶属、编号、批次等随装信息,日常管理、使用、存储、故障、维修等履历信息等,数据量庞大、种类繁多、结构各异、来源渠道广、不断更新,这些多源异构数据信息与导弹装备的质量状态密切相关,必须妥善收集、整理才能用于导弹装备的状态评估与预测。但目前这些海量状态数据信息积累多、利用少,存储形式不一,既有纸质文档也有电子文档,电子文档格式多种多样,如Word、Excel、Oracle 等;再者,数据尽管很多但分散管理,不同单位管理标准不一样,不便于整体分析,影响评估结果。因此,需要将这些状态信息按照统一的格式标准集成处理,一方面便于在导弹装备状态评估与故障预测时统一调用,另一方面能使不同单位导弹装备状态数据信息互联互通,便于整体研究分析,提高评估与预测结果的可信性和准确性。

对导弹装备多源异构状态数据的集成处理,必然要考虑数据录入问题,状态数据录入方便与否是决定系统在部队使用实用性、生命力的重要因素之一。状态数据中的各类测试数据是导弹装备状态评估与预测的重要信息来源,以往的评估预测工作表明,当评估与预测算法、软件确定后,大量工作时间花费在测试数据录入方面,需要大量人力、大量时间整理数据,即使如此,还是经常存在许多错误,实际用于评估与预测的时间并不多。这种情况也是造成以往一些单机评估与预测系统难以在部队推广使用的主要原因之一。因此,针对目前部队管理和装备的现实情况,需要实现多种数据录入方式。

(2) 状态评估与故障预测功能需求

导弹装备是复杂武器系统,通常由数十个单机组成,涉及机械、机电、电子、软件、化学等众多技术领域,单机之间相互影响,每个单机又有数十个乃至上百个性能参数反映其质量状态。而对导弹装备的状态评估过程是,以性能特征参数的测量数据为主,并结合使用、存储、维修等信息对各单机状态进行评估,然后综合至分系统、整弹系统,以此准确评估掌握导弹装备状态比较困难,但对于导弹部队作战运用与装备精细化管理来说又是迫切需要的。

作战运用方面,复杂导弹装备系统在战场上作为一种"撒手锏"武器,其作战效能发挥的好坏,在战场上影响巨大,甚至可以决定一场战争的胜负。而导弹装备性能状态与其作战效能息息相关。故导弹部队急须准确评估和掌握导弹装备的性能状态。导弹装备作为复杂武器系统,实施评估要从参数、单机、分系统到整弹系统分层评估,逐级综合,每一步都非常关键,都会影响整弹系统的评估结果。在作战发射时,部队不仅关注导弹的整体状态,根据导弹状态的好坏,用于打击不同价值的目标;还关注导弹的关键参数、单机的质量状态,在导弹整体状态相差不大的时候,选取关键参数、单机质量状态较好的导弹用于作战。因此,准确评估导弹装备的性能状态是导弹部队作战运用所需要的。

装备管理方面,导弹装备的特点是"长期储存,定期检测,一次使用",因此,平时对导弹装备的精细化管理显得格外重要。在基层部队,每年都会对导弹装备的参数、单机、分系统、整弹系统及批量导弹进行检测,根据检测结果有针对性地制订装备的采购、使用、维修等工作计划,如果不能准确评估导弹装备的质量状态,必然会因工作计划制订不合理、时间节点把握不准确而导致大量人力、物理、财力的浪费,甚至会影响部队战斗力的形成。因此,准确评估导弹装备的性能状态也是装备精细化管理工作所需要的。

在评估导弹装备当前状态的基础上,若能够实现导弹装备状态的准确预测,将对导弹部队作战运用与装备精细化管理也有深远意义。

在大规模联合作战中,导弹部队必然面临大批量、高效率的作战方式,如果对导弹装备先测试评估再实施发射,那么在紧急时刻必将贻误战机,影响战略决策。因此,准确预测导弹装备的状态,实现导弹装备的免测试发射,对导弹部队参加联合作战意义重大。

在日常装备管理中,对导弹装备状态进行 1～3 年的预测,一方面是部队年度预测的需要,为下一年度装备采购、维修、保养等工作计划的制订提供技术支持;另一方面也是部队装备建设五年规划中期调整的需要,为作战训练任务合理计划提供技术依据。

综上所述,对复杂导弹装备系统状态的准确评估与预测是该系统要实现的主要功能。

(3) 评估与预测模型动态构建功能需求

对不同型号导弹装备寿命周期不同阶段的状态进行评估时,由于状态数据种类、数量及影响各不相同,因此需要建立不同的评估模型。

对军事代表机构和装备承制单位来说,在研究影响导弹装备生产质量因素的基础上,需要建立生产阶段的评估模型,对导弹装备的状态进行评估以保证生产质量;对基层部队来说,不同单位装备使用不同型号的导弹,各单位在研究影响导弹使用质量因素的基础上,需要建立使用阶段的评估和预测模型,对各自型号的导弹装备状态进行评估与预测,以满足作战运用和装备精细化管理需要;对装备维修单位来说,不同单位负责维修不同的部件,各单位需要针对各自部件建立整修阶段的评估与预测模型,通过准确评估与预测各部件的状态以指导维修工作;对导弹部队机关、研究院、院校来说,更加关注不同型号导弹装备从生产、使用到整修阶段的一体化质量规律,所以需要研究建立对应于不同型号导弹装备寿命周期不同阶段的评估与预测模型。

因此,系统需要实现导弹装备性能状态评估与预测的动态构建,为不同型号导弹装备寿命周期不同阶段状态评估与预测模型的构建提供柔性环境。

(4) 状态大数据信息融合分析功能需求

准确评估导弹装备的性能状态是导弹部队要完成的关键工作,充分利用评估结果信息来指导打仗、保障装备管理同样具有重要意义。在未来大规模作战中,要实现批量导弹的集群发射,必须要掌握批量导弹装备的性能状态,同时根据不同的作战目标,实施不同程度的打击,这就需要对批量导弹装备性能状态进行对比分析、趋势预测以及组合排序,让状态最优秀的导弹打击敌方重要目标或需要精确命中的目标,状态一般的导弹打击敌方的一般目标。

在日常管理中,通过对比分析同一单位、不同单位及同批次、不同批次导弹装备的状态,找出储存环境、使用强度、维修次数等因素对导弹装备状态的影响程度,从而对导弹装备实施更精细化的管理。同时这种对不同单位导弹装备状态的分析,对实施异地发射也有很好的指导意义。

因此,大数据信息融合分析是系统需要实现的功能。

（5）远程异地评估交流功能需求

导弹部队地域广、驻扎分散,总部机关、研究院、院校一般在城市,基层部队多在偏远山区,各单位之间不便于进行状态数据交换与沟通交流,但又迫切需要解决这些问题,具体体现在以下几点:

基层部队在对导弹装备测试评估或使用管理过程遇到困难时,需要异地传送状态数据和评估结果,获取研究院、院校的指导和技术支持;总部机关对基层部队进行检查监督时,需要基层部队上报导弹装备的使用管理情况,方便机关对装备状态的整体把握和装备使用管理的总体规划;在基层友邻单位之间,除了平时需要沟通交流之外,遇到型号转隶调整的情况时,则需要将整个型号装备的状态数据移交。这些都是装备管理实际中需要解决的问题。

因此,支持远程异地评估交流是系统需要实现的功能。

（6）系统安全管理功能需求

在导弹装备全寿命周期信息管理的大趋势下,系统存储不同单位、不同型号导弹装备海量的质量数据信息,且为保障作战使用,涉密程度之高,影响范围之广,可谓是导弹部队命脉所在。因此,保证数据的绝对安全是首要任务。另外,在部队装备管理实际中,上到技术责任人,下到战士,都会参与装备质量管理工作,职责分工不一,需要对各类人员进行权限分配,保证系统有序安全运行。

9.2.3　系统架构设计

为了使系统结构清晰,运行高速,便于后期维护扩展,系统架构采用分层架构,即从结构层次上分为四层,分别是界面层、应用层、服务层和数据层。

界面层:即交互层,为用户提供系统访问的接口,通过 Web 浏览器接收用户的输入,并传递给 Web 服务器与后台数据库进行数据处理,并等待数据处理完毕后,将回应返回给用户。导弹状态评估与故障预测系统的界面层应该简洁美观、操作便捷,为使用者提供较好的操作体验。

应用层:也就是业务逻辑层,该层包含系统所需的所有功能算法和计算过程,并与服务层和界面层进行交互。该层通过调用服务层数据,处理系统要实现的导弹装备状态信息管理、模型算法管理、模型动态构建与管理、性能质量评估、综合统计分析、系统管理等功能,并呈现到界面层。

服务层:该层是对数据层的抽象,应用层通过调用服务层提供的一系列操作,完成复杂的业务处理。服务层包括组件服务,数据存取、查询、统计、计算及显示等应用服务,并使应用层和数据层降低耦合度,为系统的扩展提供接口。服务层相关业务接口包含导弹模型导入导出、导弹装备信息导入导出、IP 定向传输与接收,为系统数据传输提供服务。

　　数据层：数据层提供了对数据库的访问，主要针对系统数据库进行数据导入、数据接入、数据校验和数据计算。

　　所设计的状态评估与故障预测系统框架如图 9－1 所示。

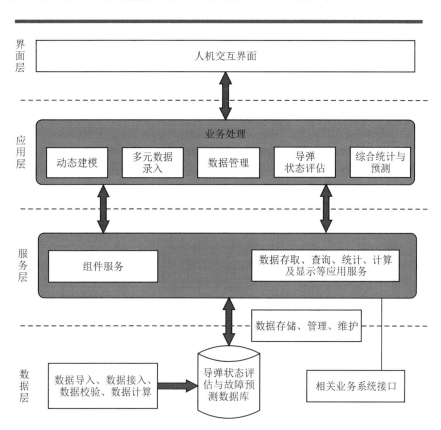

图 9－1　导弹状态评估与故障预测系统框架

9.2.4　数据库结构设计

　　针对导弹装备在研制、生产和整修延寿阶段影响其性能状态并且是可以获得的状态信息种类、性质，设计了集成处理导弹装备多源异构相关状态信息的数据库概念结构、逻辑结构和物理结构，要求既要保证数据库的安全、规范，又兼具开放性，便于根据每个型号的特殊性增补相关信息。

　　1. 系统用例图设计

　　依据导弹状态评估与故障预测系统分析，系统共有六大功能模块，且子模块众多，相互关联。为更好地分析系统组成，明确系统内部和外部的交互关系，需要完成系统用例图设计。

结合部队实际情况,将操作系统的人员分为两类:一类是系统管理人员,一般可以是负责导弹装备管理的参谋,或者是技术负责人;另一类是普通操作人员,一般可以是专业较好的士官,或者是负责导弹装备管理的文职人员、技术室工程师。

系统管理人员主要负责指标体系构架、标准化模型管理、评估算法管理、模型动态构建与管理、设置权重、选取标准化模型、导弹状态评估、综合统计分析及预测、系统管理等工作。

普通操作人员主要负责导弹装备状态信息管理、数据录入、导弹状态评估、综合统计分析等工作。

系统用例图设计如图 9-2 所示。

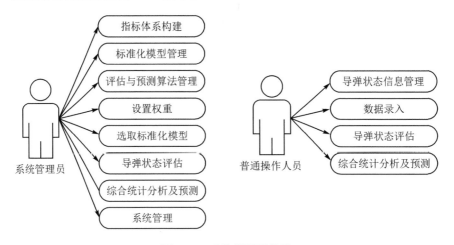

图 9-2 系统用例图设计

2. 概念结构设计

系统中用户含管理员、战士、机关单位使用人员等,管理员负责系统中评估预测基础配置,战士、机关单位使用人员负责数据收集、统计分析、预测、基本信息维护等工作。用户实体图见图 9-3。

3. 逻辑结构设计

针对导弹装备在研制、生产、使用和维修阶段影响状态的信息种类、性质,应设计集成处理导弹装备多源异构状态信息的数据库逻辑结构,要求既保证数据库的安全、规范,又兼具开放性,便于根据每个型号的特殊性增补有关信息。

4. 物理结构设计

设计了装备基本信息表、事故情况表、评估结果数据表、预测结果数据表、装备评估预测算法数据表、批次字典数据表、装备组合结果管理表、数据收集表、故障记录表、设备结构数据表、指标格式表、设备指标体系权重表、维护保养表、计量检定

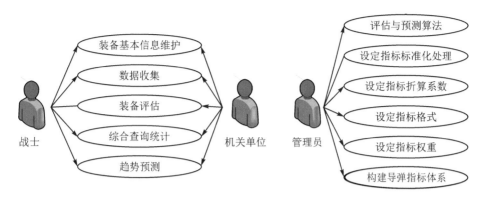

图 9 - 3　用户实体图

表、设备编号字典表、操作使用表、角色表、角色权限表、设备指标体系标准化处理表、存储单位字典表、用户表、管理员角色表等数据库表格结构。

9.3　系统功能结构设计

根据前述的系统需求分析,结合部队装备管理工作实际,按照系统设计原则,最终将导弹状态评估与故障预测系统的功能模块划分为导弹装备状态信息管理、模型算法管理、模型动态构建与管理、状态评估、综合统计分析与预测、系统管理。系统功能组成结构如图 9 - 4 所示。

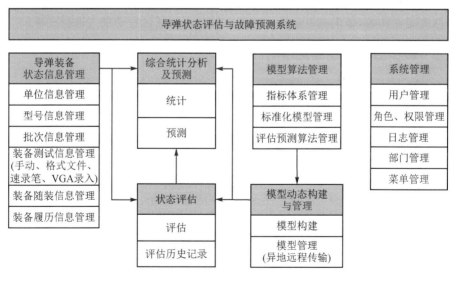

图 9 - 4　系统功能组成结构

9.3.1　导弹装备状态信息管理功能设计

导弹装备从研制、生产、使用、维修到退役报废等全寿命周期过程中会产生海量的状态信息,为方便管理,将其分为单位信息、型号信息、批次信息、测试信息、随装信息和履历信息等。在该模块中实现各类信息的添加、删除、修改、查询、导入、导出及数据录入等操作。

根据导弹装备海量状态信息管理功能需求分析,设计的数据录入方式包括人工手动录入、速录笔录入、标准化格式文件录入和 VGA 录入等。对于少量遗漏的、需要修改的数据采取人工手动录入比较方便;对于存在于书本等纸质版的数据采取速录笔录入比较高效;对于计算机上存储的批量格式文件数据采用标准化格式文件录入;针对老旧型号导弹测控装备输出测试数据只有打印机,为更方便、快速地获取数据,采用 VGA 显示捕捉与分析技术录入。

标准化的格式导入可以作为系统数据信息的主要来源方式之一。有权限的用户可以对导弹性能特征参数信息标准格式文件进行直接批量导入(用户可以根据协议将现有数据整理成结构化的 Excel 文件,系统提供导入接口,用户直接选取 Excel 文件进行导入,将导弹、各子系统的数据信息存储到数据库中进行统一管理、利用)。文件导入时系统实现自动过滤去重操作,并且具有一定的错误识别能力,根据错误问题给出相应的提示。数据导入时自动记录数据的导入时间,按照导入时间顺序以倒叙的方式在列表中显示。

手动录入/修改方式,主要支持新增导弹性能参数信息的录入和已录入参数信息的修改完善功能,即无法批量导入的参数信息可以通过手动录入进行完善。

9.3.2　模型算法管理功能设计

导弹装备属于复杂的武器系统,包括参数、单机、分系统和整弹系统。完成导弹装备状态评估与预测需要三个要素:完整的指标体系(包括各指标权重)、对应的标准化处理模型以及评估预测算法。为方便模型动态构建以及导弹状态评估与预测,在系统中应当有一个模块专门管理和维护这三个要素,并在构建导弹模型和对导弹状态评估和预测时直接关联使用。

1. 指标体系管理

部队对导弹的实际测试是按照单机、分系统、综合测试的顺序进行,因此,指标体系的建立,通常以单机为基础。为方便部队操作使用,在指标体系管理模块中,要实现单机的自由构建、伸缩、定级,并能够与其他模块关联使用。指标体系管理模块中构建的单机模型相当于公共资源,在后续导弹模型构建中要能够直接调用。

指标权重确定是科学评价导弹状态的前提,权重的合理与否直接关系到评估与预测结果的准确性。

根据制定的指标体系层次关系,分别设置相应的权重值。系统应提供对各层结构的权重动态分配的功能,以便于用户灵活地配置各层的权重值。

2. 标准化模型管理

由于采集的数据性质和种类的差异性,各个指标的单位不同、量纲不同、数量级不同,不便于分析,甚至会影响评估预测结果。因此,为统一标准,首先要对所有指标进行标准化处理,将其转化为无量纲、无数量级差别的标准值,然后再进行分析评估。故需要建立标准化模型管理模块,实现标准化模型的自由添加、修改、删除,并与其他模块关联使用。

3. 评估预测算法管理

评估预测算法是导弹评估、预测指标各类信息数据及其权重的综合处理方法。根据评估预测的对象、目的及其利用的信息数据,分别研究了定量、定性评估方法以及基于竞争故障、特征参数的预测方法,如证据理论、贝叶斯网络、LDA－KPCA、云模型、LS－SVM、位置-尺度模型、UGM$(1,1)$－ULSSVM 等模型算法。这些算法不仅要求构建准确,而且要求在系统开发中正确地编程实现,从而支撑整个系统的运行。对于导弹这类复杂的武器系统,单机、分系统、整弹系统评估预测的实质问题并不一样,为了使评估结果更接近实际,通常要采取不同的评估预测算法。因此,需要建立评估预测算法模块,实现评估预测算法的任意添加、修改、删除,并与其他模块管理使用。在该模块中,只须添加名称、算法描述,具体算法步骤的嵌入需要在导弹状态评估及综合统计分析与预测模块实现。

系统开发中,通过确认模型算法、算法模块化、实装数据验证、与状态数据联调等措施,保证评估预测模型算法编程准确、支撑系统的正常运行。每种算法均有参数需要预先输入、配置。系统提供了对导弹评估预测算法参数的配置、修改功能。

9.3.3　模型动态构建与管理功能设计

模型动态构建与管理功能需要实现不同型号导弹装备寿命周期不同阶段状态评估预测模型的构建,以及对构建好的导弹装备评估预测模型信息进行管理。军事代表机构、基层部队、装备维修单位等生产、使用、维修单位可以根据自身需求任意构建导弹装备状态评估预测模型,也可以从事先配置好的模型库里直接调取,并实现添加、修改和删除等功能,同时对所构建评估预测模型按型号进行管理。

9.3.4　状态评估功能设计

导弹状态评估是系统的核心功能之一,能否准确评估导弹状态,关乎系统开发成功与否。该模块主要包括性能评估和评估历史记录两个子模块。

1. 性能评估

导弹装备性能状态评估的整体思路是,以性能参数测试信息为主,结合使用、储存、维修等过程信息对单机、分系统或整弹系统进行评估。在系统中,导弹装备状态评估的流程按照确定评估装备、确定评估模型、确定权重算法、进行状态评估的顺序进行。

2. 评估历史记录

为方便评估记录查询与统计,更好地掌握导弹装备状态,应建立评估历史记录模块,记录评估时间、评估人、评估的导弹装备、评估方法和评估结果等信息,并支持评估历史记录的导出。同时,使用人员可以通过选择单位、型号、批次等信息实现对导弹装备评估结果的查询和比较。

一枚导弹评估完毕后,从性能参数、单机、分系统、整弹均应可查询评阅结果。评估结果管理方便用户查看评估历史信息,主要实现查询及删除等功能。

9.3.5 综合统计分析与预测功能设计

综合统计模块是通过同时选择多个单位、多个批次、多个导弹对其单个或多个参数进行综合比较分析的模块,用户可以通过指定统计的时间区间和统计的图形形式对多发导弹进行统计。统计结果的显示形式有饼图、柱状图、折线图,统计分析的数据均来源于数据库。根据状态大数据信息融合分析的功能需求,将综合统计分析模块设计为统计和预测两个功能。

1. 统　计

统计功能实现对以往评估结果的统计分析,包括统计参数、统计单机、统计分系统、统计整弹系统、统计同一单位、统计同批次、统计不同批次等,要求能够浮标显示,直观看出导弹装备状态的变化,为装备精细化管理提供帮助。用户可以通过指定统计的指标选择对导弹各类信息进行统计,统计结果的显示形式有饼图、柱状图、折线图,统计分析的数据均来源于数据库。

2. 预　测

实现了基于性能退化数据与故障数据的导弹竞争故障预测以及基于特征参数的导弹退化状态预测后,在预测模块,需要将两种预测方法嵌入软件中,实现导弹状态 1～3 年的预测。趋势预测分析可采用数据联合图/表的方式对导弹信息从纵向、横向进行直观、便捷地统计与趋势预测。

9.3.6 系统管理功能设计

根据系统安全管理功能需求以及系统操作管理需要,将系统管理模块分为用户管理、角色与权限管理、日志管理、备份恢复等。

1. 用户管理

用户管理模块是一个动态维护系统内全部用户信息的模块，主要功能是系统管理员对系统进行增加、删除、修改、查询等操作。其中，修改包括两方面内容：一方面是修改用户的个人信息，如基本信息、工作部门信息等；另一方面是修改用户在系统中的权限，从而改变用户在系统内可访问的范围。

系统用户可大致分为超级用户和普通用户两类，超级用户在系统中拥有最高权限，可以使用系统中所有的功能、可以删除及设置其他用户的权限，但其他用户没有删除它的权限，例如在部队中主要负责评估预测工作的参谋、处长等相关人员。普通用户在系统中可以拥有多种角色，当几个用户共同完成一个任务时，系统管理员可以将他们集中到一个称为"角色"的单元中，例如在部队中负责数据采集的战士、文职等相关人员。

用户管理模块记录用户的名称、密码、所属角色、状态、军衔、工作单位、最后一次登录时间、最后一次登录 IP、登录次数以及选项设置等参数。

2. 角色与权限管理

当几个用户共同完成一个任务时，系统管理员可以将他们集中到一个称为"角色"的单元中，并且给制定的角色分配权限。在该模块中，系统管理员可以创建、修改以及删除角色。角色和用户是隶属关系，是多对多的关系，一个角色中可以包含多个用户，而一个用户又可以属于多个角色。

在角色权限分配模块中，系统管理员将给指定的角色分配权限。系统中角色权限分配主要包括两类：一类是操作权限；另一类是数据权限。

操作权限：系统按层次以树形目录方式对操作权限进行管理。模块级菜单项划分为多级，用户只须对各功能模块及功能点权限进行配置，系统便自动根据用户配置推导其上级业务菜单权限，当判定用户无法访问某个模块下的所有功能点时，该用户的操作页面上将隐藏该模块。当某个模块的子模块都无法访问时，该模块将自动隐藏。

数据权限：系统对数据权限进行有效管理控制，对于属于特定业务范围的数据，需要严格控制在访问范围内。系统在数据访问层实现全方位、多角度的控制机制，可对数据权限进行集中配置，便于根据需求变化快速修改；又能对某些个性权限需求增加特殊的约束条件，以足够的灵活性保证数据权限管理的全面性及可用性，确保每次访问的数据都在授权范围内，从底层杜绝数据的越权访问。系统对角色动态分配完成后，当角色被分配了某些模块的操作权限，而用户又隶属于该角色，那么用户就会继承该角色的模块权限，如果用户拥有多个角色，那么用户将继承拥有最高权限的角色。

3. 日志管理

日志管理模块是对系统内全部的操作进行记录,记录内容包括进行操作的用户、其使用的系统终端、具体的操作内容及操作过程中输入的信息,以便在必要时可以查阅到具体信息的提交及处理人员,方便查找相应的操作人员、操作功能等。日志管理模块实现的主要功能如下:

① 日志记录。自动记录系统用户的操作记录,包括登录名、机器名、登录时间、退出时间、操作内容等信息,并汇总。

② 日志管理。日志文件默认的保存时间是一年,可根据需要调整日志的保存时间,支持以 Excel 表格形式导出进行归档。

③ 日志查询。可按照登录名、机器名、登录时间、退出时间、操作内容等信息进行日志查询。

④ 日志过滤。按照涉密信息系统分级包含的要求,不同的管理员只能查看其权限范围内的日志文件。

4. 备份恢复

数据库恢复就是将备份文件进行恢复的操作,以便找回丢失的数据等。作为系统中数据库系统的基础保障,系统的备份与恢复策略也是非常重要的。系统应支持数据库备份操作,实现方式有自动备份和手动备份两种。

① 自动备份。数据库可以在服务器上按照设定的时间进行自动备份,根据用户所建立的表、视图、序列等备份。

② 手动备份。针对自动备份的弱点,系统提供手动备份策略,即系统维护人员可以将服务器上的数据库备份到指定的其他服务器上。备份服务器必须与操作的计算机和服务器同在一个网络中。

9.4 系统实现解决的关键问题

9.4.1 软件编程技术

系统采用泛型技术来提高代码运行性能和得到质量更好的代码,泛型技术不必用真实的数据类型就可以定义一个类型安全的数据结构或者一个工具帮助类。这样可以重用数据处理算法而无须复制与类型相关的代码。泛型与 C++的模板很相似,但是它们在实现上和能力上是截然不同的。

系统对泛型进行了广泛的运用以提高代码的总体执行效率和代码复用率。系统各个数据查询模块都有泛型的应用。

9.4.2　多源异构数据集成

系统需要的状态数据有多种采集方式,如利用条码技术或射频识别(Radio Frequency Identification,RFID)技术实现数据采集、利用测控设备(各种数字化量仪)实现数据采集、通过信息网络从其他系统获得数据,以及手工采集数据等。这使得状态数据的种类繁多,形式千变万化,存储于多种数据库和文件中,如 SQL Serve 数据库、Oracle 数据库、XML 文件、Excel 文件和.txt 文件等。评估预测时想要利用这些状态数据信息,就不得不花费大量的时间和精力从大量异构数据中查询需要的数据,并对孤立的数据进行整合、处理,这不仅给用户带来极大的不便,还可能造成数据缺失、数据更新不及时,直接影响评估预测过程。实现多源异构状态数据的集成是系统必须解决的问题。

状态数据异构主要体现在以下几个方面:

① 状态数据来源异构。评估预测中状态数据主要来源于条码技术和 RFID 技术、先进的测量设备(各种数字化量仪)、其他系统,以及手工采集等。

② 状态数据存储格式异构。评估预测中的状态数据有多种存储格式,主要有纸质文件、XML 文件、.txt 文件、Excel 文件及关系型数据库等,不同的数据存储格式需要不同的数据访问技术,因此增加了状态数据集成的难度。

③ 状态数据语义异构。不同状态数据源中的相同数据在含义、描述和取值范围等方面不同,主要包括属性命名冲突、属性域冲突,以及结构冲突等。

多源异构状态数据集成总体方案逻辑结构如图 9-5 所示。

基于对评估预测中多源异构状态数据的分析,建立了对源数据(状态数据)进行访问的数据接口,通过映像驱动数据抽取、转换和加载(ETL)技术进行数据转换、数据抽取及数据加载。由于进行一次 ETL 并不能确保得到目标数据,因此建立临时存储区使源数据进行一次 ETL 后先存入临时存储区,再经过第二次 ETL 把数据加载至目标数据库,实现多源异构状态数据的集成,奠定导弹状态评估与预测的基础。

9.4.3　评估预测模型算法实现

评估预测模型算法是软件系统的核心,正确地编程实现是系统开发成功与否的标志,关系到评估预测结果的准确性。软件系统用到的评估预测模型算法众多,在理论研究、实装数据验证的基础上,通过模块化编程、嵌入系统、联通数据库、实装数据再次验证来保证其编程的正确实现,从而支撑评估预测软件系统正常运行。

9.4.4　评估预测结果信息展示

导弹状态评估与预测结果信息展示的种类、形式与查询界面的友好性是系统设

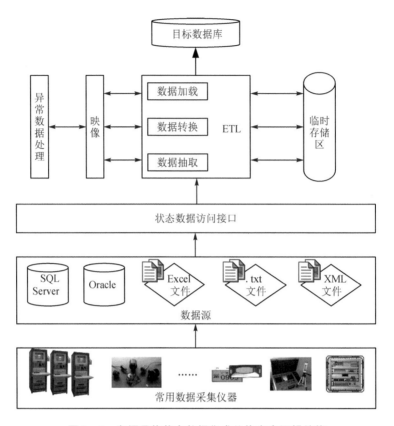

图 9 - 5   多源异构状态数据集成总体方案逻辑结构

计与实现的重点问题之一。为更好地展示导弹状态评估预测结果信息,须深入装备使用保障单位调查导弹装备日常管理所需的信息种类,设计需求信息自动化采集方案,开发直观形象的评估预测结果信息显示框架以及友好的查询界面,并到装备使用保障单位试用、听取意见以进一步改进、完善系统设计,确保导弹状态评估与预测结果信息能够有效支持装备作战运用与精细化管理决策。

参考文献

[1] Ferrel B L. Air vehicle prognostics & health management[C]// Proceedings of the IEEE Aerospace Conference. New York: [s. n.], 2006: 145-146.

[2] Mariela C, Li C, René V S, et al. A fuzzy transition based approach for fault severity prediction in helical gearboxes[J]. Fuzzy Sets and Systems, 2018 (337): 52-73.

[3] Ghimire R, Zhang C, Pattipati K R. A rough set-theory-based fault-diagnosis method for an electric power-steering system[J]. IEEE/ASME Transactions on Mechatronics, 2018, 23(5): 2042-2053.

[4] Tahan M, Tsoutsanis E, Muhammad M, et al. Performance-based health monitoring, diagnostics and prognostics for condition-based maintenance of gas turbines: A review[J]. Applied Energy, 2017(198):122-144.

[5] Kiri F, Taoufik J, Peter A. A methodology for determining the return on investment associated with prognostics and health management[J]. IEEE Transactions on Reliability, 2009, 58(2): 305-313.

[6] Yager R R. On the D-S framework and new combination rules[J]. Information Science, 1987, 41(2): 93-98.

[7] Lefevre E, Colot O, Vannoorenberghe P. Belief function combination and conflict management[J]. Information Fusion, 2002, 3(2): 149-162.

[8] Deng Y L, Song L L, Zhou J L, et al. Evaluation and reduction of vulnerability of subway equipment: An integrated framework[J]. Safety Science, 2018 (103): 172-182.

[9] Xu X, Huang Q, Ren Y, et al. Condition assessment of suspension bridges using local variable weight and normal cloud model[J]. Ksce Journal of Civil Engineering, 2018(1):1-9.

[10] 刘小方,姚春江,周永涛. 导弹装备性能质量状态评估预测理论与技术[M]. 北京：国防工业出版社,2019.

[11] 顾煜炯. 发电设备状态维修理论与技术[M]. 北京：中国电力出版社,2009.

[12] 甘茂治,康建设,高崎. 军用装备维修工程学[M]. 北京：国防工业出版

社,2005.

[13] 康建设. 武器装备状态维修及分析决策方法研究[D]. 北京：北京理工大学,2006.

[14] 张秀斌. 视情维修决策模型及应用研究[D]. 长沙：国防科学技术大学,2003.

[15] 高晓光,陈海洋,符小卫,等. 离散动态贝叶斯网络推理及其应用[M]. 北京：国防工业出版社,2016.

[16] 徐廷学,李志强,顾钧元,等. 基于多状态贝叶斯网络的导弹质量状态评估[J]. 兵工学报,2018,39(2):2240-2250.

[17] 何江青,王波. 军用装备基于状态的维修理论研究[J]. 舰船电子工程,2009,29(12)：42-44.

[18] 徐廷学,李志强,顾钧元,等. 基于多状态贝叶斯网络的导弹质量状态评估[J]. 兵工学报,2018,39(2):391-398.

[19] 江文龙. 电气设备状态维修技术的现状及发展[J]. 民营科技,2015(1)：48-49.

[20] 黄爱梅,董蕙茹. 基于状态的维修对飞机装备维修的影响研究[J]. 装备指挥技术学院学报,2011,22(2)：122-125.

[21] 丛林虎,徐廷学,王骞,等. 基于退化数据与故障数据的导弹竞争故障预测[J]. 北京航空航天大学学报,2016,42(3)：522-531.

[22] 张亮,张凤鸣,李俊涛,等. 机载预测与健康管理(PHM)系统的体系结构[J]. 空军工程大学学报,2008,9(2)：6-9.

[23] 王晗中,杨江平,王世华. 基于PHM的雷达装备维修保障研究[J]. 装备指挥技术学院学报,2008,19(4)：83-86.

[24] 丛林虎,肖支才,陈育良,等. 基于改进云模型的某型反舰导弹状态评估方法[J]. 兵器装备工程学报,2021,42(8)：85-93.

[25] 彭乐林,罗华,马飒飒. 无人机故障预测及健康管理系统结构设计[J]. 桂林航天工业高等专科学校学报,2009(1)：20-21.

[26] 侯晓东,王永攀,杨江平,等. 基于状态的武器电子装备故障预测研究综述[J]. 系统工程与电子技术,2018,40(2)：360-367.

[27] 胡冬,谢劲松,吕卫民. 故障预测与健康管理技术在导弹武器系统中的应用[J]. 导弹与航天运载技术,2010(4)：24-30.

[28] 余鹏,吕建伟,刘中华. 舰船装备健康状态评估及其应用研究[J]. 中国修船,2010,23(6)：47-50.

[29] 胡静涛,徐皑冬,于海斌. CBM标准化研究现状及发展趋势[J]. 仪器仪表学报,2007,28(3)：569-574.

[30] 孙权,叶秀清,顾伟康. 一种新的基于证据理论的合成公式[J]. 电子学报,2000,28(8):117-119.

[31] 郭华伟,施文康,刘清坤,等. 一种新的证据组合规则[J]. 上海交通大学学报,2006,40(11):1895-1900.

[32] 王浩伟,奚文骏,冯玉光. 基于退化失效与突发失效竞争的导弹剩余寿命预测[J]. 航空学报,2016,37(4):1240-1248.